TRATADO DE ARBORICULTURA FRUTAL

Volumen II
LA ECOLOGIA DEL ARBOL FRUTAL

TRATADO DE
ARBORICULTURA FRUTAL

Vol. I: Morfología y fisiología del árbol frutal
Vol. II: La ecología del árbol frutal
Vol. III: Técnicas de plantación de especies frutales
Vol. IV: Técnicas de mantenimiento del suelo en plantaciones frutales
Vol. V: Poda de frutales

TRATADO DE ARBORICULTURA FRUTAL
Volumen II

LA ECOLOGIA DEL ARBOL FRUTAL

Por
Fernando GIL-ALBERT VELARDE
Dr. Ingeniero Agrónomo
Catedrático de Arboricultura Frutal
Universidad Politécnica de Madrid

4.ª edición revisada

Coedición
**MINISTERIO DE AGRICULTURA,
PESCA Y ALIMENTACION**
Paseo Infanta Isabel, 1 • 28014 MADRID

EDICIONES MUNDI-PRENSA
Madrid • Barcelona • México
1998

Centro de Publicaciones

Ministerio de Agricultura,
Pesca y Alimentación
P.° Infanta Isabel, 1 - 28014 Madrid
Telf.: 913 47 55 51. Fax 913 47 57 22

Grupo Mundi-Prensa

• **Mundi-Prensa Libros, s. a.**
Castelló, 37 - 28001 Madrid
Tel. 914 36 37 00 - Fax 915 75 39 98
E-mail: libreria@mundiprensa.es
Internet: http://www.mundiprensa.com

• **Mundi-Prensa Barcelona**
• **Editorial Aedos, s. a.**
Consell de Cent, 391 - 08009 Barcelona
Tel. 934 88 34 92 - Fax 934 87 76 59
E-mail: barcelona@mundiprensa.es

• **Mundi-Prensa México, s. a. de C. V.**
Río Pánuco, 141 - Col. Cuauhtémoc
06500 México, D. F.
Tel. 533 56 58 - Fax 514 67 99
E-mail: 104164.23@compuserve.com

Depósito Legal: M. 13.232-1998
ISBN: 84-7114-741-6 (Mundi-Prensa)
ISBN: 84-491-0338-X (MAPA)
ISBN: 84-491-0336-3 (Obra completa)
NIPO: 251-98-034-8

1.ª edición: 1986 (MAPA)
2.ª edición: 1989
3.ª edición: 1992
4.ª edición: 1998

IMPRESO EN ESPAÑA - PRINTED IN SPAIN

Impreso en: Artes Gráficas Cuesta, S. A. Seseña, 13. 28024 Madrid

PROLOGO A LA CUARTA EDICION

Diez años después de la publicación de este libro aparece su cuarta edición, lo que, como autor, me satisface plenamente, ya que confirma la buena acogida que este *Volumen II: Ecología del árbol frutal*, del TRATADO DE ARBORICULTURA FRUTAL, ha tenido desde el principio. En esta edición, hemos tratado de actualizarlo, cambiar sus gráficos por otros modernizados, y completar sus fotografías para incrementar su efecto didáctico; pero a pesar del tiempo transcurrido, creemos que sigue siendo válido lo que decíamos en el Prólogo a la 1.ª edición, que repetimos ahora:

> «Hemos pretendido en la *Ecología del árbol frutal,* recopilar la experiencia disponible hoy en nuestro país sobre el tema. Al mismo tiempo, hemos querido hacer una obra práctica, útil no sólo para el técnico frutícola que tenga que afrontar un dictamen o proyecto, sino también para el fruticultor en su trabajo diario; por otra parte pensamos que los estudiantes de Fruticultura de cualquier centro de nuestro país, necesitan un texto que se refiera a nuestras condiciones específicas y no la adaptación de textos extranjeros. Esperamos y deseamos haberlo conseguido; y que todo lo que a lo largo de nuestra actividad profesional hemos podido apreciar y observar, pueda estar a disposición de quien lo precise. Es seguro que, de todas formas, faltarán aspectos importantes y peculiaridades que se nos hayan escapado. Nuestros lectores sabrán disculparnos y completar el libro, con sus propias observaciones.»

Profesionales tan cualificados como Concepción Tabuenca, Carlos Roquero y Manuel Carreras, prologaron las ediciones anteriores. En ésta, he preferido no pedir a nadie el favor, y aprovechar la ocasión para agradecer a todos los que han utilizado, elogiado o criticado el texto, por haberlo leído y dedicado su atención. Simplemente esto compensa cualquier esfuerzo realizado en su redacción.

Mi gratitud a mis ex-alumnos Belén Sirviente y Raquel Casas, por su colaboración en la actualización de las láminas y del propio texto; y también como siempre a Editorial Mundi-Prensa y al Ministerio de Agricultura, Pesca y Alimentación, que coeditan esta nueva presentación; esperamos y deseamos que con ella podamos colaborar al progreso de la Fruticultura española, y a todo lo relacionado con su enseñanza.

Madrid, Marzo, 1998

Fernando Gil-Albert
Catedrático de Arboricultura Frutal
Universidad Politécnica de Madrid

INDICE GENERAL

SEGUNDA PARTE
LAS CARACTERISTICAS EDAFOLOGICAS

TERCERA PARTE
LA PROBLEMATICA FRUTICOLA REGIONAL

INTRODUCCION

El árbol frutal de zona templada y su adaptación ecológica

El desarrollo final de un árbol frutal y su producción acumulada total dependen básicamente de su constitución genética (vigor y productividad) y de su estado sanitario, que le dan una capacidad productiva determinada, que en algunas ocasiones se ha denominado «valor agronómico». Pero esta capacidad productiva está totalmente condicionada, también por vía genética, a sus posibilidades de adaptación a unas determinadas condiciones ecológicas, de tal manera que todos y cada uno de los diferentes factores de clima y suelo que componen el medio ecológico de una localización concreta, pueden limitar o condicionar el cultivo, haciéndolo rentable, condicionándolo o convirtiéndolo en utópico. Por ello el estudio del medio y su influencia sobre el árbol frutal se convierte en un paso previo, imprescindible en cualquier planteamiento frutícola.

Cuando en lugar de analizar la capacidad productiva de un árbol concreto nos referimos a una plantación en su conjunto, resulta evidente que el potencial productivo dependerá no solamente del *valor agronómico* de cada árbol, considerado individualmente, sino también del tipo de plantación elegido y de las técnicas de cultivo que le apliquemos. Pero, a su vez, también éstas son condicionadas por los factores del medio, por lo que su estudio vuelve a plantearse como inevitable. Cada especie, cada variedad frutal, alcanza su desarrollo y producción óptima, así como su mayor longevidad, en unas determinadas condiciones de medio, las cuales, cuando nos referimos a individuos asilvestrados, constituyen lo que se denomina su *hábitat ecológico* normal. El cultivo, la intervención del hombre, nos permite la explotación comercial en otras áreas de condiciones de medio diferentes; en éstas, los factores climáticos y edafológicos pueden alcanzar valores que de alguna manera condicionen el desarrollo y/o la productividad, que dejan de ser los óptimos. En estos casos, los factores se convierten en condicionantes. Cuando algún factor alcanza valores con los que lo que peligra es la supervivencia del árbol, este factor se convierte en *limitante* (gráfico 1).

Cuando, como ocurre en la mayoría de los casos, nos estamos refiriendo al cultivo comercial, si algunos factores *condicionantes* hacen antieconómico el cultivo frutal, éstos se convierten en *limitantes,* considerados desde el punto de vista económico.

En consecuencia, para poder evaluar las posibilidades de adaptación de un árbol frutal a unas condiciones de medio determinadas resulta imprescindible conocer en qué valores de cada factor ecológico éste se convierte para cada especie o variedad en *condicionante* o *limitante,* ya que solamente por debajo de ellos estaremos en las condiciones idóneas para el cultivo. La forma en que estos condicionamientos se producen, las posibles soluciones, los índices de medida y las interrelaciones entre ellos constituyen otros aspectos a estudiar.

De acuerdo con todo lo dicho anteriormente, todas las especies frutales están condicionadas en su cultivo por los distintos factores que componen el clima. En función de las características de éste, HODGSON clasifica las especies frutales en:

A. Especies de zona templada.
B. Especies de zona templado-cálida.
C. Especies subtropicales.
D. Especies tropicales.

A. Especies de zona templada

Se caracterizan por necesitar imprescindiblemente un período de reposo invernal marcado. Este período se supera gracias al efecto de las temperaturas bajas del invierno, y se mide mediante el índice denominado *necesidades de frío invernal.*

Aparte de estas exigencias en reposo invernal, estas especies son normalmente muy resistentes al frío durante este período, soportando sin daños temperaturas de hasta –15° C y aún inferiores. Por otra parte, estas especies son sensibles a los calores estivales, por encima de los 30° C, y exigen períodos de actividad vegetativa suficientemente largos para que maduren sus frutos, entre 100 días como mínimo hasta 240 días.

Las especies más representativas de este grupo serían *el manzano, el peral, el ciruelo europeo* y *el cerezo.*

GRAFICO 1

FACTORES QUE INCIDEN EN EL DESARROLLO Y PRODUCCION DE UN ARBOL

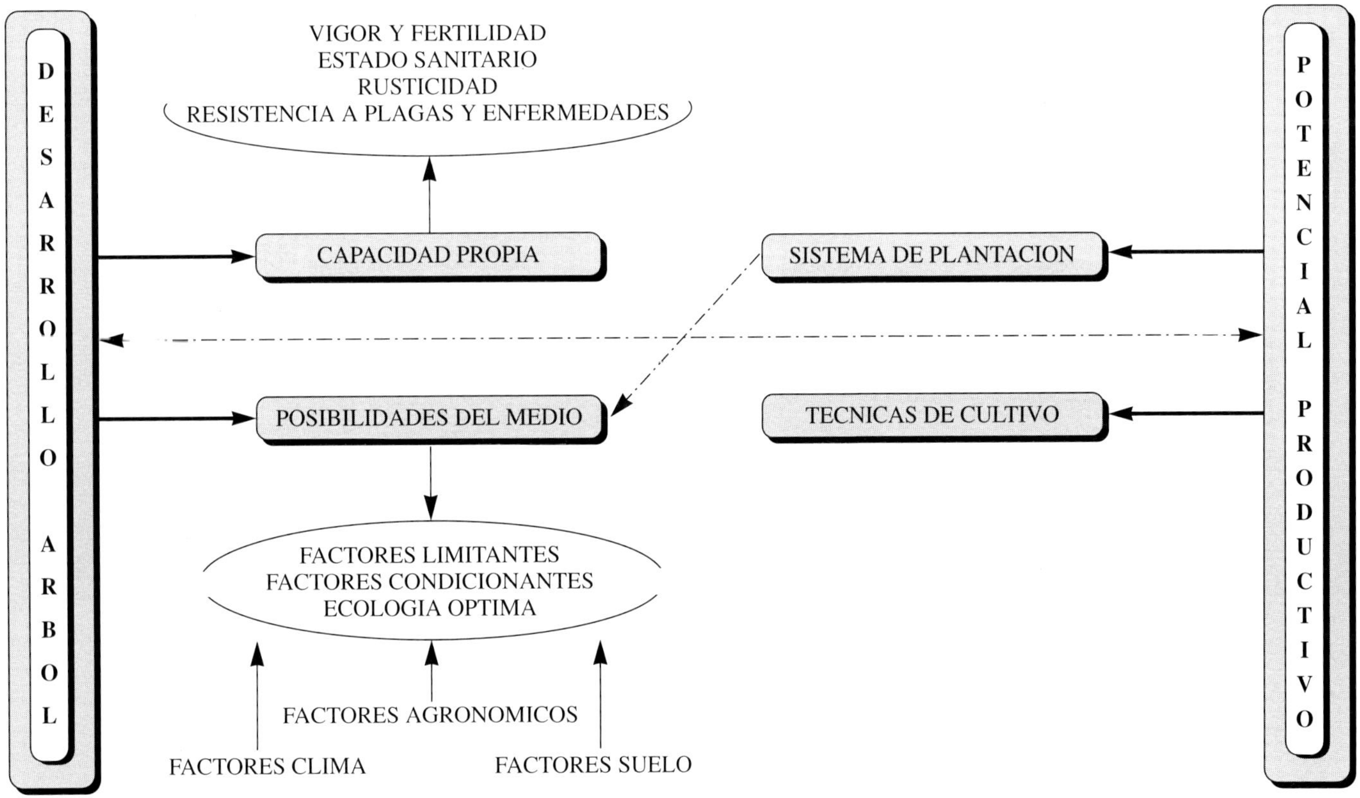

GRAFICO 1 bis

FACTORES A CONSIDERAR

Factores intrínsecos	**Factores extrínsecos**			
	Ecológicos			
El árbol	**Climáticos**	**Edafológicos**	**Agronómicos**	**Económicos y comerciales**
	Termometrías	Profundidad	Topografía	Capital territorial
	Pluviometría		Accesos	Cuantía inversión
Variedad	Vientos	Permeabilidad	Comunicaciones	Financiación
	Humedad		Infraestructura	Gastos generales
	Insolación	Alcalinidad	Disponibilidad mano de obra	Gastos fijos
Portainjerto	Tormenta		Formación mano de obra	Gastos financieros
	Granizo	Fertilidad	Experiencia previa	Orientación comercial
	Pedrisco		Disponibilidad agua	Cuenta explotación
Selección	Nieve	Salinidad	Parque maquinaria	Contabilidad
	Nieblas		Etc.	Dirección-gerencia
	Altitud			Contribuciones
Estado sanitario	Orientación			Impuestos
	Microclima			Etc.

B. Especies de zona templado-cálida

Son especies aún con ciertas exigencias en reposo invernal, pero mucho menos marcadas que el grupo anterior. Por otra parte, estas especies son mucho más resistentes a los calores estivales y más sensibles, sin embargo, a los fríos invernales intensos.

El melocotonero en general, el albaricoquero tipo europeo y *el ciruelo japonés* son especies típicas de este grupo. *La vid, el olivo* y *el almendro* formarían un grupo de transición con las especies subtropicales.

C. Especies subtropicales

Son especies muy sensibles a las heladas de invierno, aun ligeras (–4° C) y con marcadas necesidades de calor durante su período de actividad vegetativa. No necesitan acumulación de frío invernal.

Se pueden agrupar, a su vez, en tres categorías:

a) Moderadamente exigentes en calor: *albaricoqueros norteafricanos higuera, pacano, pistacho, caqui.*
b) Exigentes en calor: *agrios, aguacate, níspero, chirimoyo.*
c) Muy exigentes en calor: *palmera datilera.*

D. Especies tropicales

Son especies que no pueden soportar las temperaturas de helada y que no precisan reposo invernal. Sus prototipos serían *la bananera, el guayabo, el mango,* etc.

Dentro de cada uno de estos grupos, el comportamiento de las diferentes variedades de cada especie puede ser muy variado. La capacidad de adaptación de algunas variedades, los procesos de selección de otras y la mejora genética por hibridación hacen en algunos casos que variedades cuya especie es prototipo de un grupo se comporten como si pertenecieran a otro distinto. Así, muchas variedades de peral se cultivan en zonas templado-cálidas, y variedades de melocotonero se cultivan en zonas templadas, o variedades de cultivo propio de regiones subtropicales se adaptan a zonas templadas.

En general, cuando hablamos de especies frutales de zona templada se sobreentiende que nos referimos a especies pertenecientes a los grupos A y B, y hasta a las moderadamente exigentes en calor del grupo C.

PRIMERA PARTE

LOS FACTORES CLIMATICOS Y EL ESTUDIO DEL CLIMA

Dada la complejidad de los múltiples factores que componen el clima de una región determinada, su caracterización en conjunto es solamente posible a grandes rasgos, y aunque permite clasificar los climas (clasificaciones climáticas de THORNTWAITE, PAPADAKIS, GAUSSEN, etc.), estas clasificaciones sirven de poco cuando lo que queremos es analizar las posibilidades de adaptación o las razones de fracaso en el cultivo de una variedad frutal en una zona concreta. En estos casos, el análisis tiene necesariamente que basarse en el conocimiento, por una parte, de las exigencias climáticas de la variedad y, por otra, en el de los valores representativos que alcanzan en la realidad los índices que miden los diferentes factores climáticos.

Ni unas ni otros son fáciles de conocer. Las primeras, porque su conocimiento exige una gran experiencia práctica; los segundos, porque con frecuencia los índices de que disponemos corresponden a una estación climatológica que no representa el microclima de la parcela o finca objeto de nuestro interés. Esta falta de correspondencia origina unas diferencias de valor en los índices, que muchas veces superan las posibilidades de adaptación del árbol. En consecuencia, la fiabilidad del análisis obliga a cuidar especialmente el origen de los datos, su elaboración y su corrección real. A veces, una conversación con un pastor o con un encargado de campo nos indica que hiela en una zona donde el estudio climático no acusa heladas, o que graniza con más frecuencia de la admisible, cuando el observatorio, situado a cierta distancia, no indica riesgos altos de granizo. Y estas conversaciones pueden ser el único elemento de corrección de que dispongamos en algún caso.

La realización de estudios climáticos, con vistas a su aplicación en fruticultura, exige, pues, unas ciertas precauciones:

a) Debemos disponer de datos tomados durante un período de tiempo no inferior a 10-15 años.

b) Debemos contrastar la situación del observatorio en relación con la plantación. La altitud, la orientación, la localización de una y otra pueden dar origen a diferencias muy importantes.

c) El estudio y los índices climáticos obtenidos en él deben corregirse antes de realizar el análisis, en función de la situación, topografía, barreras existentes, experiencia local, etcétera.

d) Los aspectos microclimáticos son normalmente los más importantes. Hay que considerarlos siempre.

En cualquier caso, el estudio del clima y el análisis de sus efectos sobre los frutales tenemos que referirlos al de sus componentes para poder luego integrarlos en toda su complejidad. Los componentes más importantes a considerar son:

- Las temperaturas.
- Las lluvias.
- La humedad.
- La insolación.
- Los vientos.
- Tormentas, granizo, pedrisco.
- La nieve.

Componentes cuyo estudio individualizamos a continuación.

1

LAS TEMPERATURAS

Aunque ningún factor climático pueda considerarse más determinante que los demás a efectos de caracterizar un clima, en general, las termometrías son el factor al que más importancia se le atribuye en cualquier análisis climático. Dadas las características ya reseñadas de las especies de zona templada, con su ciclo anual diferenciado en dos períodos, el de reposo invernal y el de actividad vegetativa, la influencia de las temperaturas es marcadamente distinta en uno y en otro período y, en consecuencia, tendremos para su estudio que diferenciar, a nuestra vez, *las temperaturas que se producen durante el período de reposo, temperaturas invernales,* de las que se producen durante la actividad vegetativa, *temperaturas de primavera, verano y otoño.*

Efectos de las temperaturas invernales

En general, consideramos temperaturas invernales no solamente las que se producen durante el invierno, sino todas las que se producen durante el período de reposo, que en nuestro país dura normalmente desde mediados de noviembre hasta primeros de marzo; en las zonas más cálidas, sin embargo, este período puede reducirse sensiblemente, durando sólo desde mediados de diciembre a mediados de febrero; mientras que en las zonas más frías y más altas puede alargarse hasta primeros de abril.

Durante el período de reposo, los árboles no muestran crecimiento, ni florecen, y su fisiología está adaptada con grandes variaciones interespecíficas a un intervalo de temperaturas situado en valores relativamente bajos, entre –5 y 20° C. En este intervalo, es decir, con las temperaturas medias en valores del orden de 10° C, las especies frutales de zona templada se muestran perfectamente adaptadas en general. Sin embargo, es muy frecuente durante el invierno que los valores extremos de las temperaturas alcancen valores sensiblemente inferiores (hasta –10° C/–12° C) en nuestras zonas frutícolas, o claramente superiores (por encima de 25° C), pudiéndose en ambos casos producir efectos perniciosos.

Las heladas invernales

Toda temperatura por debajo de 0° C se considera temperatura de helada; durante el período invernal, como ya hemos indicado, se pueden alcanzar con cierta facilidad en algunas zonas frutícolas valores de –10° C/–12° C. En años extremos (1956, 1964), las temperaturas mínimas en zonas agrícolas españolas, han llegado a –16° C, lo que puede dar una idea de la magnitud de este problema.

El grado de resistencia al frío en este período de cada especie y variedad está influido por una serie de factores nutricionales, fisiológicos y ambientales, pero es fundamentalmente una característica genética. En función de su constitución genética, una determinada especie puede soportar sin daños temperaturas de hasta –35° C (manzanos en Siberia), mientras que otra no resiste más allá de –16° C (olivos en Andalucía); sin embargo, este nivel máximo de resistencia específica no es constante en el árbol, sino que se alcanza a través de un proceso de adaptación (lignificación), que tiene dos fases: *maduración de la madera* y *endurecimiento de la madera.*

La fase de *maduración de la madera* tiene lugar normalmente en la primera parte del otoño, desencadenada por el acortamiento de los días y por los primeros descensos termométricos otoñales. Durante ella se producen una serie de transformaciones fisiológicas y celulares, tales como acumulación de hidratos de carbono, aumento de la presión osmótica, disminución del nivel celular de agua, engrosamiento de las membranas celulares y disminución de la actividad meristemática, que provocan en los árboles una progresiva adaptación al frío.

El *endurecimiento de la madera* se produce a continuación de la fase anterior, a finales de otoño y aún a principios de invierno, como consecuencia del progresivo descenso térmico; las modificaciones fisiológicas y celulares continúan, aumenta en mayor grado la presión osmótica, disminuye el volumen vacuolar y se incrementa la permeabilidad celular, y como consecuencia final de todo este proceso, al terminar esta fase, el árbol ha completado su proceso anual de lignificación y alcanza su nivel máximo de resistencia específica al frío, normalmente coincidente con el estado de reposo invernal profundo propio de esta época.

Tanto durante este estado como durante la maduración y endurecimiento de la madera, se pueden producir temperaturas bajas que, según su duración e intensidad, producirán daños en los diferentes elementos o en el conjunto del árbol.

GRAFICO 2

CICLO ANUAL DE LAS ESPECIES ARBOREAS DE LA ZONA TEMPLADA

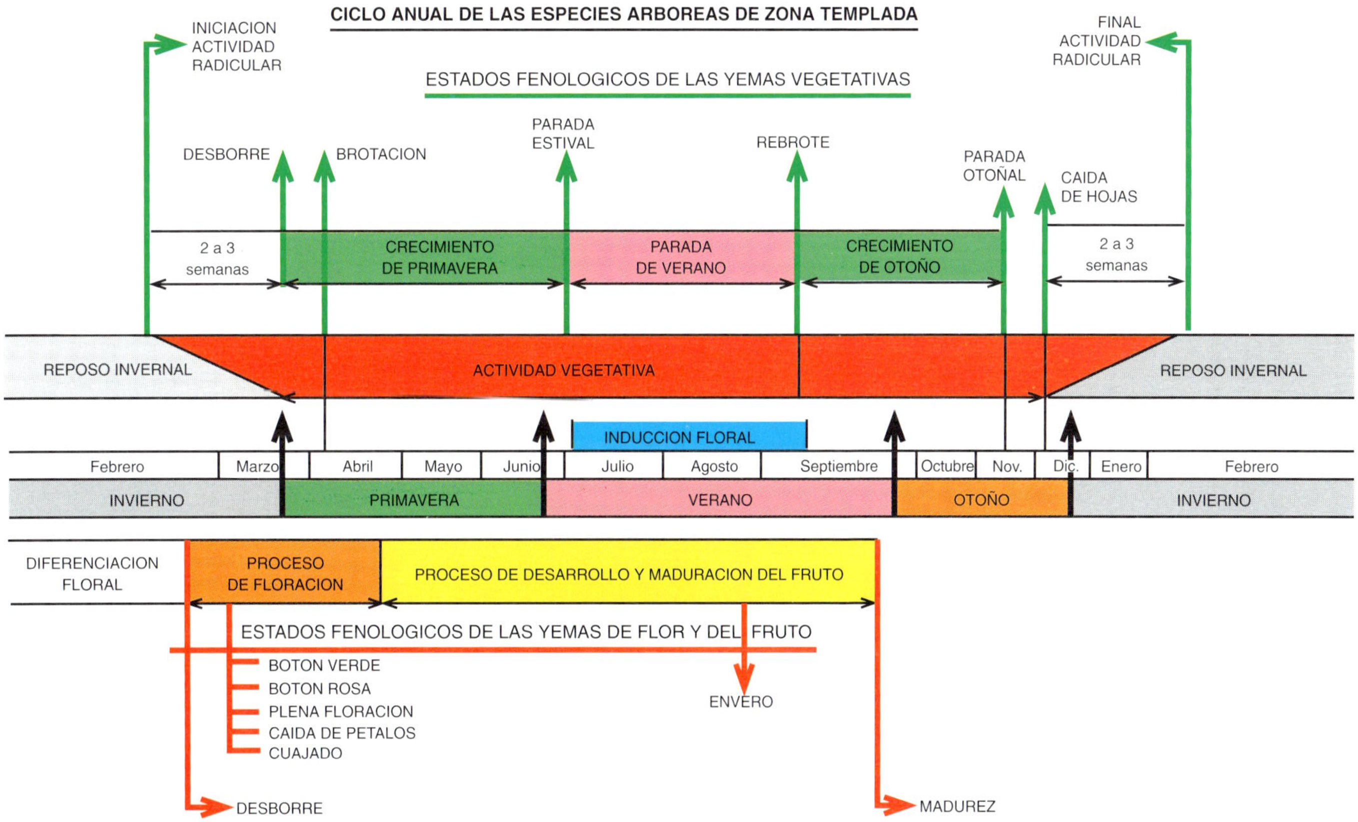

Daños producidos por las heladas invernales

Las heladas invernales pueden afectar a diversos elementos del árbol, según su duración, intensidad y momento en el que se producen. Los daños más frecuentes son los producidos en raíces, yemas, madera joven (uno a tres años), ramas y tronco.

El sistema radicular es normalmente la parte del árbol con menor resistencia específica al frío; temperaturas entre –5° C y –10° C a nivel radicular le afectan mortalmente, ocasionando su congelación celular, con la consiguiente necrosis vascular interna. Afortunadamente, esta débil resistencia específica se ve incrementada por la defensa adicional que supone el espesor de la capa de suelo, en el que las raíces están situadas de tal manera que en la práctica, para que a nivel radicular se produzcan esas temperaturas es preciso que el suelo se congele en profundidad 40 ó 50 centímetros, lo que exige temperaturas mucho más bajas (–12° C a –15° C) y largamente persistente (seis a doce horas, como mínimo) a nivel del suelo. Estas circunstancias no son frecuentes en las zonas frutícolas españolas, y serían absolutamente anómalas en la vertiente mediterránea, lo que hace muy raro el que se produzcan daños de este tipo en nuestras plantaciones frutales.

Sin embargo, en algunos casos conviene tomar determinadas precauciones; así, por ejemplo, la práctica tradicional del aporcado otoñal en los viñedos de la Meseta Central (Valladolid) y Alto Valle del Ebro (Rioja Alta) obedecen a buscar una defensa adicional al frío invernal para las cepas. En las zonas frutícolas de inviernos más fríos conviene retrasar cualquier tipo de plantación arbórea, hasta marzo, con objeto de evitar que fríos no demasiado intensos afecten a las raíces de los árboles recién plantados con tierra mullida y sin apelmazar, lo que facilita la penetración del frío.

Aunque normalmente los daños por frío en las raíces, dada la intensidad de la helada que los origina, van acompañados por daños simultáneos en la parte aérea, cuando las raíces son afectadas no se produce sintomatología externa hasta la brotación posterior en primavera; en este momento la falta de absorción radicular origina que la brotación sea a expensas de las reservas de la madera, y cuando éstas se acaban, aquélla se marchita y el árbol muere; a veces, si los daños no han sido tan intensos como para afectar a todo el sistema radicular, el árbol es capaz de reconstituirlo a tiempo de sobrevivir, pero la brotación queda muy debilitada durante todo el período vegetativo subsiguiente, con independencia de los daños producidos en la parte aérea.

Las yemas, fundamentalmente las de flor, son también elementos del árbol con poca resistencia específica en las especies frutales. Temperaturas de –10° C pueden afectarlas, bien ocasionando la muerte de los primordios femeninos y castrando las flores, o bien necrosando el pedicelo de la yema, que así se desprende y cae durante el reposo o puede llegar a abrir en primavera, pero sin posibilidad de fecundación posterior. Sin embargo, hay que tener presente que las yemas alcanzan su nivel de resistencia específica muy pronto, por lo que a veces heladas tempranas (noviembre) pueden afectar a la madera, que todavía no la ha alcanzado, y no a las yemas, que sí lo han hecho, aunque posteriormente la madera sea, en general, más resistente al frío que las yemas de flor.

En general, en nuestras condiciones climáticas este aspecto puede ser claramente limitante para el cultivo de algunas especies frutales en zonas no exageradamente frías, pero en las que se supere con cierta frecuencia el límite de resistencia al frío de las yemas de flor, sin que lleguen a quedar afectados otros elementos del árbol. Es el caso, por ejemplo, de especies como el melocotonero, que no debe cultivarse en zonas donde se llegue con frecuencia a $-10°$ C en invierno, aunque no haya otras limitaciones climáticas, ante el alto riesgo de pérdida masiva de yemas de flor. Lo mismo ocurre con algunas variedades tempranas de peral y con las más clásicas variedades españolas de albaricoquero.

Los ramos y formaciones vegetativas y fructíferas, así como las ramas jóvenes y de pequeño diámetro, pueden también ser afectadas por el frío, bien porque las bajas temperaturas superen su resistencia específica, o bien porque, aun sin superarla, se produzcan antes de que la madera se haya endurecido lo suficiente. En general, estos elementos son bastante resistentes y alcanzan pronto su máxima resistencia; por lo que este tipo de daños es poco frecuente. Sin embargo, después de otoños suaves, con crecimientos otoñales muy poco lignificados, los efectos de las primeras heladas pueden ser muy aparatosos, necrosando las zonas terminales de los ramos en un alto porcentaje de éstos y obligando a despuntar en la poda todos los ramos dañados.

Las ramas más gruesas, así como las ramas madres y, en su caso, el tronco, alcanzan los mayores niveles de resistencia específica que corresponden a cada árbol, pero mucho más lentamente, de tal forma que el endurecimiento del leño sólo se produce al terminar los procesos de traslocación vascular, y, en casos de inviernos suaves, puede ocurrir que el reposo absoluto no se llegue a alcanzar, o dure muy poco tiempo. En consecuencia, el frío puede producir daños en la madera gruesa, tanto si supera su límite de resistencia como si se producen heladas, sin que la madera se haya endurecido, que es el caso más frecuente.

Cuando los fríos se producen pronto, antes de que la madera esté totalmente lignificada y haya parado la traslocación, los daños se localizan generalmente en la corteza y en la zona cambial, y muy frecuentemente en los puntos de inserción de las ramas madres o secundarias, produciendo la muerte de *placas* de corteza y tejidos subyacentes, casi siempre en la parte orientada al Sur. A veces, cuando el descenso es muy intenso y rápido, la lesión toma el aspecto de una hendidura longitudinal en el tronco o ramas primarias, fisurando la corteza, separándola de la madera en ambos lados y dañando ésta en una cierta profundidad. Este tipo de lesiones son grandes, a veces toda la altura del tronco, irregulares, sufren fáciles infecciones y cicatrizan muy lentamente y con gran dificultad, y son, en general, debidas a la formación de hielo en la zona subcortical, que presiona sobre la corteza contraída simultáneamente por el frío. Según su elasticidad y espesor, la hendidura será más o menos larga o, en ocasiones, puede que no llegue ni siquiera a fisurarse.

Cuando el frío, aun en pleno reposo del árbol, supera su resistencia máxima, entonces normalmente los daños afectan la médula de la madera o el leño más interno, ocasionando bolsas necrosadas internas en la madera gruesa. Estas zonas impiden parte de la traslocación posterior y disminuyen la resistencia mecánica del tronco, transformándose en puntos de fácil fractura por efecto del viento, y si son muy importantes cuantitativamente, la rama o el árbol mueren por encima de la zona dañada.

La parte del árbol más fácilmente afectada por este tipo de daños suele ser el *cuello* del tronco (parte más próxima al suelo), que puede bien sufrir daños en *placa* o necrosis internas, o bien fisuras basales o anillados completos subcorticales, que originan la muerte total del árbol. En esta zona los efectos del frío se ven agravados por una parte por ser la zona que más tarda en entrar en reposo, y, por otra, por ser a ese nivel donde se producen temperaturas más bajas.

Así como los daños en las yemas de flor o en los ramos del año pueden considerarse como poco importantes y tratarse con una poda adecuada y con una fertilización posterior de recuperación, los daños en maderas estructurales, tanto si son fisuras como si son *placas,* como si son bolsas necrosadas internas, requieren, caso de no ser mortales, un tratamiento quirúrgico. En todos los casos conviene esperar a que los daños se manifiesten totalmente, delimitando y saneando completamente la parte dañada hasta llegar a la madera sana, desinfectando después la herida y aislándola de los agentes exteriores para facilitar la cicatrización.

Si la lesión es de las llamadas de *placa,* una vez saneada y limpia, se puede aislar con un buen *mastic* o con una pintura asfáltica. En caso de que la lesión sea del tipo de hendidura, el tratamiento inmediato debería ser la fijación de las cortezas levantadas, que forman los labios de la fisura, clavándolas a la madera con clavos de cabeza ancha o sujetándolas con un vendaje fuerte y aislante. Cuando la lesión es vieja y la necrosis ha profundizado en la madera, o cuando se trata de lesiones internas del tipo de *bolsas,* el tratamiento pasa por el saneamiento previo de la zona dañada, eliminando los tejidos necrosados y rellenando la oquedad resultante, con cualquier material inerte (adobe, hormigón pobre, escayola, poliuretano expandido, etc.), que mejore su resistencia mecánica, aísle de la humedad y evite nuevas infecciones.

Cuando las lesiones se han producido en la zona del *cuello,* los tratamientos indicados pueden complementarse con la realización de *injertos de apuntalamiento,* si bien ello sólo puede afrontarse en el caso de ejemplares de gran valor.

En general, los árboles afectados por el frío invernal, aparte del tratamiento quirúrgico, en su caso, deben ser podados cuidadosamente para eliminar las maderas dañadas y recibir un abonado nitrogenado tendente a conseguir la recuperacion de la vegetación. En cualquier caso, los efectos del frío sobre cada árbol dependen del estado fisiológico y nutricional del mismo, así como de la intensidad y duración de la helada, lo que explica cómo las mismas temperaturas pueden tener efectos absolutamente distintos, según las circunstancias en las que se produzcan.

El problema de las heladas invernales en España

Como ya hemos indicado anteriormente, los daños por fríos invernales son poco frecuentes en Espana, aunque no por ello dejan de ser temibles en algunos casos. Los problemas más graves se suelen presentar en los cítricos

Foto 1.1.–Hendidura longitudinal causada por heladas invernales intensas en la base de un tronco de chopo.

Foto 1.2.–Aporcado invernal de cepas jóvenes de vid, en defensa de los posibles daños.

Foto 1.3.–Injerto-puente realizado en un manzano joven, dañado por el frío en el cuello del árbol.

de la zona levantina, donde los inviernos son benignos, pero olas de frío ocasionales dañan fuertemente la cosecha y los árboles, aun con temperaturas no demasiado bajas (–5° C/–8° C), dada la baja resistencia de este grupo de especies. Daños importantes de este tipo se produjeron en los huertos valencianos en 1946, 1954, 1956, 1962 y 1985.

El olivar es otra especie que sufre en toda España los efectos de los fríos invernales, aun siendo mucho más resistente que los cítricos. Su área de cultivo se extiende a zonas mucho más frías, donde las heladas invernales superan los –12° C, llegando hasta –16° C en años ocasionales, con lo que los daños afectan seriamente a los troncos, obligando el *rebaje* del olivo por la peana, lo que origina de cinco a ocho años de pérdidas de cosecha. Desde este punto de vista, gran parte de las zonas olivareras podrían considerarse como claramente marginales para su cultivo.

La práctica del *aporcado* en el viñedo realizada en otoño es un medio de defensa contra el frío invernal de raíces y *cuello* de las cepas, típico de las regiones vitícolas de la meseta y de La Mancha, de inviernos bastante duros. En las nuevas plantaciones frutales, muchas de ellas realizadas con planta criada en viveros de zonas de climatología suave, es aconsejable practicar también el *aporcado* al plantar para defender así las jóvenes plantas, no habituadas al frío de las zonas más continentales. Por la misma razón, ya se ha señalado que las plantaciones en las zonas en que se alcancen fácilmente en

Foto 1.4.–Plataneras arrasadas por heladas invernales intensas.

Foto 1.5.–Daños por helada invernal en maderas jóvenes de olivo.

Foto 1.6.–Protección de paja, contra las heladas invernales en troncos jóvenes de kiwis.

invierno los –10° C deben realizarse a partir de los primeros días de marzo, ante el riesgo de daños en las raíces, cubiertas con tierra todavía no compactada, en la que los fríos penetran con facilidad.

Indices climáticos a utilizar

Cuando queramos evaluar el riesgo potencial que las temperaturas bajas de invierno representan en una determinada región para el cultivo frutal, no cabe duda que los mejores elementos de juicio se deducen del conocimiento de los datos de temperaturas mínimas diarias (fecha, intensidad, duración de las heladas), durante el período invernal (noviembre a marzo), de 10 a 15 años, consecutivos.

Dado que no es fácil disponer de un estudio climático de datos tan concretos, cuando no se dispone de ellos se pueden sacar conclusiones bastante reales del análisis de:

1.° Las temperaturas medias de los meses del período de reposo.
2.° Las temperaturas, medias de mínimas, del mismo período.
3.° Las temperaturas mínimas absclutas del invierno y la fecha en que se produjeron.
4.° La frecuencia con que las temperaturas mínimas se producen y su probabilidad.

2

LAS TEMPERATURAS ELEVADAS EN INVIERNO

Los efectos de las temperaturas elevadas en invierno

En todos los países frutícolas, la expansión de las plantaciones se ha realizado siempre, huyendo de los fríos, hacia zonas más cálidas, buscando mayor precocidad y menores riesgos por heladas. Mientras esta expansión se ha mantenido dentro de ciertos límites, los frutales de zona templada no han mostrado ningún síntoma de falta de adaptación, pero a medida que se han ido ocupando nuevas áreas con inviernos benignos, estos mismos frutales han mostrado nuevas sintomatologías, no reseñadas antes, que, en definitiva, demuestran que la capacidad de adaptación de las especies no es limitada y que en algunos casos es imposible sacarlas de sus condiciones climáticas idóneas.

En general, las especies frutales de zona templada se comportan como si su período de *reposo invernal* estuviese inducido y mantenido por temperaturas relativamente bajas hasta un momento determinado; a partir de este punto la inhibición invernal de la actividad fisiológica desaparece y el árbol está de nuevo en condiciones de iniciar esa actividad, si las condiciones ambientales son las adecuadas.

La fisiología del *reposo invernal,* la influencia de las termometrías y de otros factores ambientales en él y la forma de controlarlo son hoy temas importantes de investigación frutícola, en los que se han realizado avances importantes; sin embargo, aún está lejos la clarificación total del proceso, y a efectos prácticos el problema que muchas veces se denomina *necesidades de reposo* o *necesidades de frío,* no siempre permite explicar totalmente la respuesta de los árboles frutales a los inviernos benignos.

Cuando diversas especies y variedades de frutales se cultivan en áreas de temperaturas invernales suaves, o cuando un año determinado el invierno es anormalmente benigno en una zona frutícola, los árboles muestran en el período vegetativo siguiente uno o varios simultáneamente de los tres síntomas típicos de esta situación.

a) Retrasos en desborre y apertura de las yemas.
b) Brotación irregular y dispersa.
c) Desprendimiento de yemas de flor.

Los *retrasos en el desborre* y *apertura de las yemas* sobre las fechas medias normales son el síntoma que podemos considerar menos grave, y a veces, cuando hay riesgo alto de heladas primaverales, podría llegar a ser hasta conveniente por la mayor posibilidad de escape. Sin embargo, dado que estos retrasos son incontrolables, a veces pueden llegar a ser simplemente excesivos (casos de floraciones anómalas en primavera muy avanzada), o producir un desfase muy exagerado entre la brotación de yemas de flor y la de las yemas de madera, o simplemente entre las yemas de flor en diferentes posiciones dentro del árbol, alargando demasiado el período de floración. Si la aparición de las hojas se retrasa, el desarrollo inicial de los frutos es menor y el árbol se debilita por el consumo de reservas que este desarrollo supone. Por otra parte, el que el período de floración se alargue supone mayores ries-

Foto 2.1.–Diferencias en la fecha de brotación de dos variedades de peral (Conferencia y William's), originadas por sus distintas exigencias en reposo. La variedad Conferencia tiene ya hojas, mientras que la William's se encuentra en desborre.

gos y, sobre todo, complica la aplicación de tratamientos fitosanitarios y las operaciones de cultivo.

Los retrasos en la apertura de yemas de flor producidos por inviernos suaves pueden alterar las fechas normales de floración en las variedades, anulando el carácter polinizador de las que se emplean con este fin y cambiando el orden normal de floración en una zona determinada (foto 2.1). Así, en áreas de inviernos fríos, las especies y variedades mantienen un orden de floración y ésta dura poco tiempo; cuando sobreviene un invierno suave o nos trasladamos a otra zona más cálida, el orden se altera y las floraciones respectivas se alargan.

Cuando el problema se agrava, los retrasos pueden dar origen a *brotaciones irregulares y dispersas;* según su posición en el árbol y según sean las yemas de flor o de madera, las exigencias en reposo son distintas y, en consecuencia, las yemas de flor abren antes que las vegetativas, las terminales antes que las laterales y las situadas en ramos débiles en el centro o en las partes bajas del árbol antes que las situadas en los ramos vigorosos y en las zonas altas. Estas diferencias provocan que tras un invierno suave haya mayores diferencias que las normales entre floración y foliación, y que en estos casos la brotación sea absolutamente irregular y dispersa, coincidiendo en un árbol yemas de flor en botón rosa con otras en plena floración, con frutos ya cuajados y a veces hasta con frutos ya de cierto tamaño, e igualmente con yemas de madera brotando mientras que otras ya han originado brotes con hojas en desarrollo. La floración puede durar así bastante tiempo y resulta difícil afirmar cuál es el estado fenológico real del árbol (foto 2.2).

Foto 2.2.–Nectarina con marcada sintomatología de falta de reposo, en mayo de 1995 en Valencia, tras el suave invierno 1994/95.

Con todo, es el *desprendimiento y caída de las yemas de flor* el síntoma más grave que normalmente muestran los frutales después de inviernos suaves. Es particularmente frecuente en algunas especies (melocotonero, sobre todo, y albaricoquero), y en ellas se dan variedades mucho más sensibles al síntoma que otras; en otros casos (peral, manzano) las yemas pueden no caer, pero sí marchitarse y no llegar a abrir.

El síntoma de caída de yemas es muy controvertido en la actualidad, y no siempre parece ser debido a temperaturas invernales demasiado suaves. En algunos casos, parece estar relacionado con temperaturas anormalmente altas en invierno, y también en otros con heladas, cuando las yemas empiezan a engrosar. El estado nutricional, ciertos estados carenciales, la sequía en otoño y principios de invierno, la insolación y el grado higrométrico son factores que parecen influir también en el desprendimiento de yemas en variedades sensibles (foto 2.3).

Foto 2.3.–Pérdida de yemas en el melocotonero, provocada por falta de reposo.

Dentro de ciertos límites, y aunque en algunos casos la caída de yemas puede llegar a suponer hasta un 80-90 % de las de flor, esta caída puede quedar compensada por el mayor crecimiento vegetativo que se produce en zonas cálidas, con el consiguiente incremento en el número total de yemas de flor. Si un 10-20 % de yemas de flor persisten y cuajan en buenas condiciones, la producción puede llegar a ser tan rentable o más que cuajados superiores en árboles más pequeños en otras zonas.

La medida del reposo invernal

Aunque es evidente que un proceso fisiológico tan complejo como el reposo invernal no puede depender exclusivamente de un solo factor climático, desde el punto de vista práctico, ya desde los primeros análisis del problema se ha pretendido vincular la duración del reposo con las temperaturas por debajo de un determinado umbral. A la duración media específica del reposo de una determinada especie o variedad se la denomina sus *necesidades de frío,* y estas necesidades se han intentado medir, contando el número de horas que se han producido durante el reposo, por debajo de una temperatura fija o umbral. A estas horas se les ha denominado *horas-frío.* La temperatura umbral es variable para las diferentes especies, y diversos autores han trabajado con valores entre 4° y 12° C. Casi todos los trabajos modernos al respecto usan como umbral la temperatura de 7° C, que hoy se considera a todos los efectos como un valor fijo en la determinación de las *horas-frío.*

La duración del período de reposo es otro de los aspectos a determinar. Aunque normalmente éste empieza algún tiempo antes de la caída de la hoja, puede admitirse, en general, que éste es el momento que puede considerarse como punto inicial de la acumulación de *horas-frío.* Sin embargo, la fijación práctica del final de esta acumulación es mucho más difícil, ya que cuando el desborre de las yemas se comienza a apreciar visualmente, puede hacer varios días que el reposo real ha terminado. En los trabajos al respecto se suele tomar como fecha tope el 15 de febrero, admitiendo un cierto error, aunque, dadas las diferencias climáticas que pueden producirse en las diversas zonas frutícolas, tal vez sea preferible tomar como fechas límite:

- El 1 de febrero en zonas templado-cálidas.
- El 15 de febrero en zonas templadas.
- El 1 de marzo en zonas frías continentales.

Partiendo de estas bases, cuando se dispone de termógrafo registrador, la acumulación de *horas-frío* es fácil hacerla por conteo directo, sobre las bandas termográficas semanales, sumando el número de horas bajo 7° C que aparecen en las distintas bandas, desde la fecha de *caída de hoja* (puede también considerarse que el reposo comienza el 1 de noviembre, o en la fecha media de la primera helada) hasta las fechas indicadas anteriormente como final del reposo real. La acumulación puede hacerse por quincenas, para poder comparar los resultados según la fecha final que elijamos, y sacar luego la media y las extremas máxima y mínima del número de *horas-frío,* en un período de 10-15 años (gráfico 3).

Cuando no se dispone de bandas termográficas, el cálculo del número de *horas-frío* en una determinada localidad puede hacerse por diversas correlaciones y fórmulas matemáticas, con mayor o menor aproximación. La corre-

GRAFICO 3

CALCULO DE HORAS-FRIO MEDIANTE BANDAS TERMOGRAFICAS

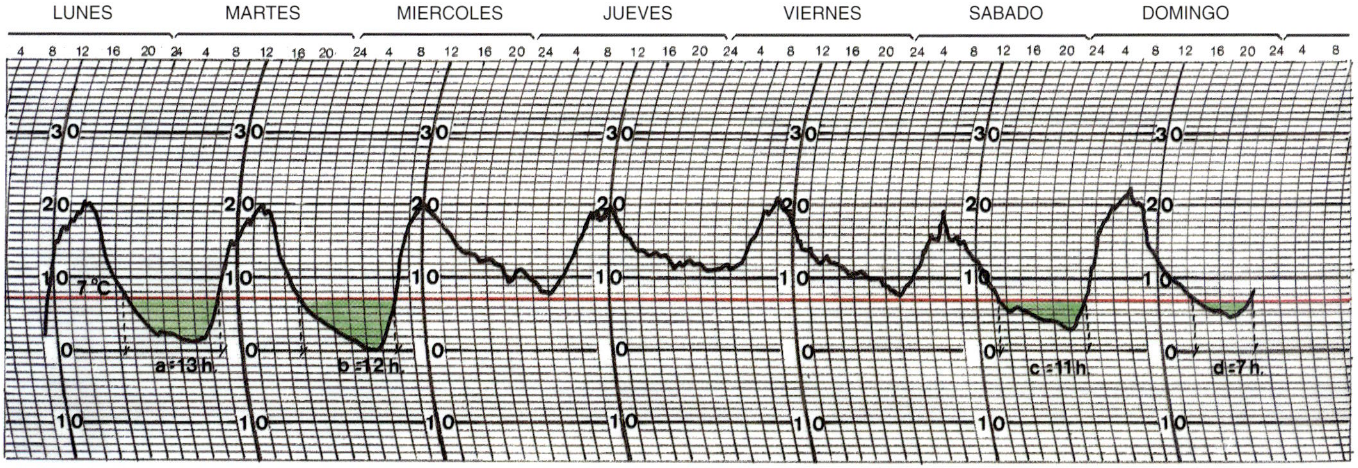

El número de *horas-frío* acumuladas durante la semana del 20 al 27 de octubre en el observatorio es de:
n = 13 + 12 + 11 + 7 = ***43 horas-frío*** (umbral 7° C)

lación más simple, aunque también lógicamente la más inexacta, es la de WEIMBERGER (1956), mediante la cual las *horas-frío* se determinan por la tabla siguiente:

TABLA 1

CORRELACION DE WEIMBERGER

«t»	13,2	12,3	11,4	10,6	9,8	9,0	8,3	7,6	6,9	6,3
«H»	450	550	650	750	850	950	1.050	1.150	1.250	1.350

«t» = Media de las temperaturas medias de diciembre y enero.
«H» = Horas bajo 7° C.

El cálculo es muy simple, y los datos de partida siempre disponibles en el más elemental análisis climático. Sin embargo, los resultados son solamente una primera aproximación y marcadamente erróneos en las zonas mediterráneas o templado-cálidas de alta insolación.

Otro método de cálculo muy frecuente es el basado en la correlación de MOTA (1957), en la que el número mensual de *horas-frío* se determina por la fórmula:

$$Y = 485{,}1 - 28{,}5 \cdot X$$

en la que:

Y = Número mensual de horas bajo 7° C.
X = Temperatura media mensual.

El método es ligeramente más complicado de cálculo que el anterior y los resultados más aproximados en la realidad, aunque todavía inexactos en zonas templado-cálidas. En el cálculo, cuando un mes el valor de Y resulta negativo, la acumulación de *horas-frío* se considera interrumpida.

TABUENCA (1964) adaptó esta correlación a los datos del valle del Ebro (Zaragoza), dando la fórmula siguiente:

$$Y = 700{,}4 - 48{,}6 \cdot X$$

En la que, igualmente,

X = t. media mensual.
Y = número mensual de hojas bajo 7° C.

Según CROSSA-RAYNAUD (1955):

$$n = 24 \frac{7 - t_m}{T_m - t_m}$$

en la que: n = número diario de horas bajo 7° C.
T_m = temperatura máxima diaria.
t_m = temperatura mínima diaria.

La fórmula está deducida en zona mediterránea templado-cálida (Argelia) y parte de la consideración de que en estas condiciones las temperaturas máximas diarias consecutivas del invierno varían muy poco y *pueden tomarse como iguales* y, además, de la de que estas temperaturas máximas se *producen a la misma hora* (mediodía). En estas condiciones, la gráfica termográfica de dos días consecutivos sería como puede apreciarse en el gráfico 4.

Con independencia de las dos suposiciones indicadas anteriormente, que ya originan los errores correspondientes, puede apreciarse en la figura que entre el valor de *n* y el valor de *ab* hay dos errores que son los valores Σ' y Σ''. Esto ha motivado la corrección de esta fórmula, por SÁNCHEZ CAPUCHINO (1965), que la afecta del coeficiente 1,5, quedando en la forma siguiente:

$$n = 1{,}5 \left[24 \frac{7 - t_m}{T_m - t_m} \right]$$

En este cálculo, que es mucho más laborioso que los anteriores, y que precisa *datos diarios,* durante todo el período de acumulación hay que tener en cuenta que los valores de *n* que salgan negativos, por ser $t_m > 7°$ C no deben considerarse, ya que no producen *horas-frío.*

La bibliografía más moderna sobre el tema, da otros métodos de cálculo (BIDABE, etc.), más complejos y menos aplicables a nivel práctico. En cualquier caso, la revisión y actualización del tema, realizada por MELGAREJO (1996), ha permitido en España hasta informatizar totalmente el cálculo, con lo que resulta hoy fácil formarse una idea real de la importancia del problema en cada zona frutícola.

Necesidades de los árboles

La duración del reposo en cada especie o variedad depende de su constitución genética, estado fisiológico y nutricional y condiciones climáticas locales, tal como indicábamos anteriormente. En consecuencia, las necesidades de frío son muy variables, produciéndose a veces dentro de una especie diferencias inter-varietales iguales o aun superiores a las que hay entre diferentes especies.

Aunque en algunos casos (melocotoneros, ciruelos híbridos) las bajas necesidades de reposo son uno de los objetivos a conseguir en los programas de obtención de nuevas variedades, se puede hacer una clasificación inicial de las especies más frecuentes, en la forma siguiente:

Especies de altas exigencias (más de 700 *horas-frío*).–Manzano, peral, albaricoquero europeo, ciruelo europeo, cerezo dulce y ácido, castaño, nogal y vid.

Especies de exigencias medias (entre 400 y 700 *horas-frío*).–Variedades de peral, avellano, olivo, ciruelos japoneses, melocotoneros en general.

GRAFICO 4

DEDUCCION DE LA FORMULA DE CROSSA-RAYNAUD

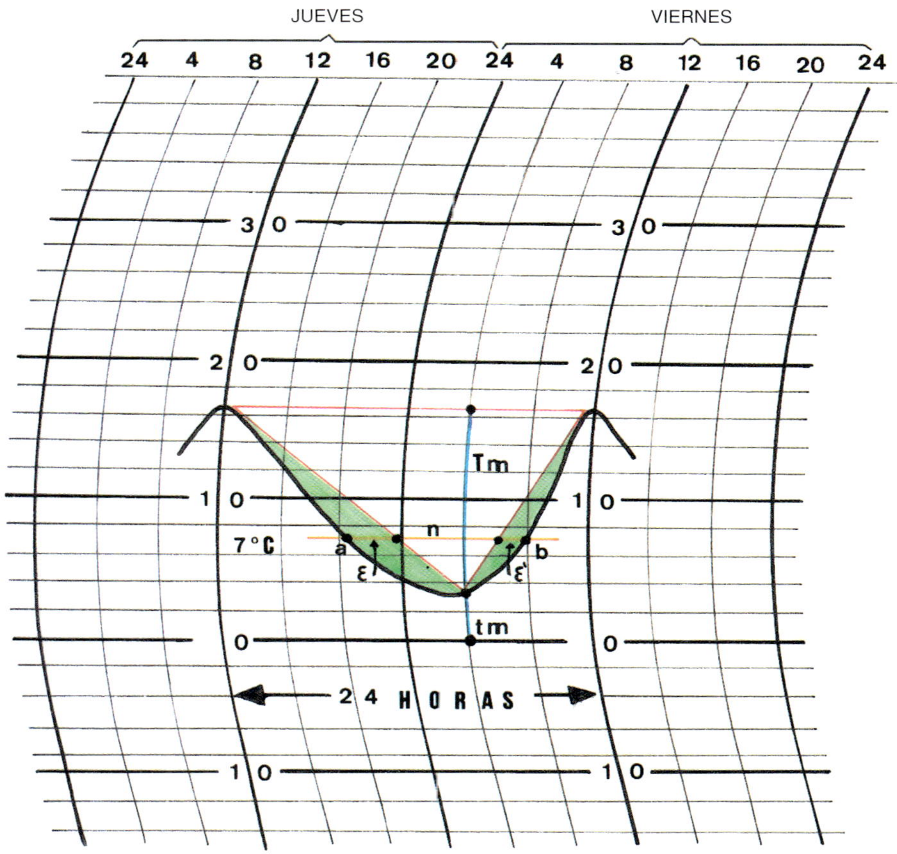

En el gráfico:

$$\frac{24}{n} = \frac{T_m - t_m}{7 - t_m}$$

Las dos T_m de dos días consecutivos se consideran iguales y producidos a la misma hora. Σ y Σ' son errores de cálculo.

Especies de bajas exigencias (menos de 400 *horas-frío*).–Algunas selecciones de melocotonero y ciruelo híbrido. Albaricoqueros africanos, almendro, higuera, membrillero.

Dado el escaso valor práctico de la clasificación anterior, diversos centros experimentales frutícolas han realizado estudios experimentales para definir

GRAFICO 5

NECESIDADES DE HORAS-FRIO SEGUN ESPECIES

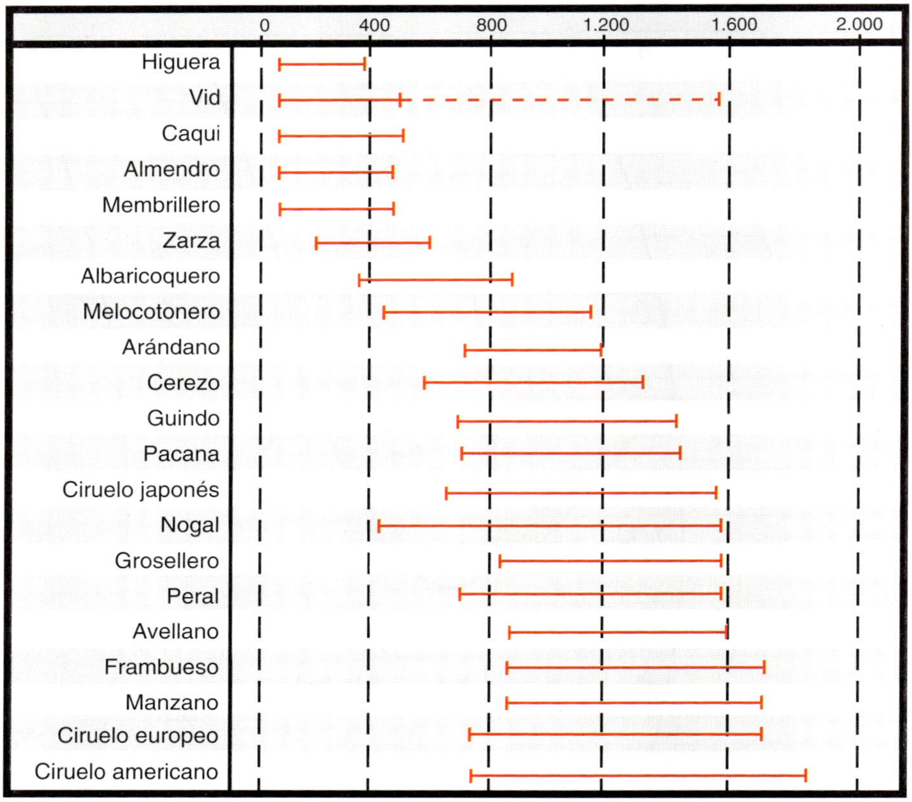

Para cada especie se marcan las diferencias intervarietales de las menos exigentes a las más exigentes. (Tomado de N. H. Westwood: *Fruticultura de zonas templadas*).

las necesidades varietales. En general, estos estudios se hacen por observación continuada, durante un largo período de tiempo (diez-quince años) de colecciones varietales de cada especie, en una determinada localización, muestreando durante el invierno sistemáticamente las yemas de flor y viendo en qué fechas se producen variaciones sustanciales del peso seco de las muestras de yemas (lo que representa inicio de actividad) y cuál es en esas fechas el número de *horas-frío* acumuladas. El sistema permite hoy dar el nivel de exigencia varietal respecto a este factor, y, en ocasiones, hasta cuantificarlo con bastante exactitud, si bien hay que tener en cuenta que en algunos casos ciertas variedades muestran una gran labilidad respecto a este carácter, vegetando aceptablemente en un amplio intervalo de valores de *horas-frío* disponibles. Tal es el caso, por ejemplo, del ciruelo *Golden Japan* o del peral *Blanquilla de Aranjuez* que se encuentran en España, en regiones con variaciones en *horas-frío* entre 200 y 750 horas. En cualquier caso, hoy puede afirmarse que, salvo en el caso de variedades muy exigentes, siempre que en una zona frutícola se producen más de 500 *horas-frío,* los problemas son de poca importancia, y solamente por debajo de esta cifra hay que tener cuidado de ajustar las necesidades de las variedades con las disponibilidades locales.

Consecuencias prácticas

Los primeros trabajos experimentales realizados durante la década de los años cincuenta dieron una gran importancia al problema de la posible falta de reposo invernal en algunas zonas de expansión frutícola en todo el mundo. Aunque en principio el tema causó gran alarma y en muchos casos se consideró como limitante la insuficiente de *horas-frío,* el paso del tiempo y la experiencia real han demostrado que, salvo casos extremos, en general, esta insuficiencia plantea un problema de adaptación, en el cual los efectos negativos no llegan a ser tan peligrosos como se temía, debido a la labilidad ya citada de especies y variedades en general, por una parte y, por otra, a las influencias que los factores climáticos locales ejercen. Así, la insolación parece compensar en cierto modo el frío acumulado, acortando el período de reposo; temperaturas a nivel de helada parecen alargarlo e intensificarlo, inhibiendo la actividad vegetativa, aunque las necesidades estén cubiertas y, por el contrario, *períodos cálidos* de tres días o más, con la temperatura mínima por encima de 7° C a partir de primeros de febrero, parecen interrumpir el reposo, cualquiera que sea el nivel de acumulación que hasta la fecha se hubiera producido. En consecuencia de todo ello, las respuestas varietales pueden llegar a ser tremendamente variables de un año a otro, y resulta imposible preverlas, solamente en función de las *horas-frío* producidas.

La pérdida de yemas, por caída o por desecación, disminuye la cosecha previsible y provoca espacios vacíos de flores y hojas en los ramos; los retrasos en la brotación y las irregularidades en ésta dificultan la polinización y las prácticas de cultivo, sobre todo la defensa fitosanitaria. Pero realmente un efecto limitante sólo se produce en casos extremos, cuando la falta de adaptación es evidente.

Algunas referencias sobre posibles tratamientos químicos (DNOC, DORMEX) para acelerar la entrada en actividad de las yemas, se citan como método de lucha contra el retraso de la floración por falta de reposo, en melocotonero, peral, manzano, ciruelo, etc.; en cualquier caso, parece que la mejor solución es la selección de variedades con menos exigencias, lo que resulta completamente habitual en las zonas frutícolas cálidas.

Foto 2.4.–Desborre y brotación irregular en un albaricoquero, producido por falta de reposo.

El problema del reposo invernal en España

La gran expansión frutal que se produjo en España entre 1950 y 1970 incluyó algunas zonas, tales como el Plan Badajoz (Vegas Bajas), región de Valencia y Murcia y sobre todo, Sevilla y Huelva, en las que los inviernos eran claramente benignos; posteriormente, otras zonas, tales como la dominada por el trasvase Tajo-Segura y Almería y Málaga se orientaron al cultivo frutal, con la misma limitación, en algunos casos aún más marcada. En consecuencia, múltiples referencias bibliográficas y trabajos monográficos españoles han colaborado en documentar el problema. Así, SALA (1950), SERRES-UBACH (1962), HERRERO (1963), TABUENCA (1964, 1965, 1967, 1968), SÁNCHEZ-CAPUCHINO (1966, 1967), GIL-ALBERT (1963, 1965), MARTÍNEZ CUTILLAS (1979), EGEA (1994), MELGAREJO (1996), han estudiado múltiples aspectos regionales y nacionales de la incidencia.

Los trabajos de TABUENCA (1964, 1965, 1967 y 1972) sobre el tema en la estación experimental de Aula Dei (Zaragoza) han estudiado fundamentalmente el comportamiento respecto a este problema de las variedades más frecuentes en España de peral, manzano, melocotonero, albaricoquero, ciruelo y cerezo, contribuyendo decisivamente al conocimiento de sus necesidades de *horas-frío*.

Por otra parte, en el trabajo *«Horas-frío» acumuladas en diversos observatorios españoles* (GIL-ALBERT, 1965) se realizó la acumulación por quincenas de horas por debajo de 7° C medidas por conteo directo sobre bandas termográficas corregidas, de 75 observatorios españoles. En función de este cálculo se pueden considerar cuatro zonas geográficas (gráfico 6: distribución de *horas-frío*).

Zona primera.–El primer grupo de observatorios (más de 1.500 *horas-frío*) indica claramente la zona en la que bajo ningún concepto puede haber problemas de falta de reposo invernal. A efectos de comprobación, hemos recopilado los datos de estos observatorios, no solamente hasta la fecha tope de 1 de marzo, sino también hasta la fecha tope de 15 de febrero. El resultado es perfectamente concordante, y como consecuencia en esta zona habrá que pensar en otros factores limitativos (heladas, poca duración período vegetativo, etc.), pero nunca falta de reposo (tabla 2).

Zona segunda.–El segundo grupo de observatorios (*horas-frío* comprendidas entre 1.000 y 1.500) es representativo de zonas en las que tampoco la falta de reposo invernal debe significar problema. Al igual que en el anterior, otros factores limitativos deben estudiarse (tabla 3).

Zona tercera.–El tercer grupo de observatorios, en el que las *horas-frío* acumuladas oscilan entre 500 y 1.000, indica unas zonas (en general, típicas del cultivo frutal) en las que el reposo invernal es un factor climático a considerar. En este grupo, también a efectos comparativos, hemos recopilado por separado la acumulación hasta el 15 de febrero (fecha tope considerada) y hasta el 1 de febrero. La comparación de ambas acumulaciones es bastante concordante, si bien algunos observatorios (Barcelona, Castellón, La Coruña, Murcia, Vigo, Tarragona, Valencia) dan hasta el 1 de febrero acumulaciones inferiores a 500 horas, síntoma claro de problema de falta de reposo (tabla 4).

Casi todas nuestras variedades frutales caducifolias tienen exigencias de *horas-frío* evaluadas en este intervalo (500-1.000); en consecuencia, y dado que el problema puede existir (y de hecho existe) en las zonas en las que radican estos observatorios, *un estudio detallado previo a la ejecución de las nuevas plantaciones, y de acuerdo con las variedades a plantar, es imprescindible en toda esta zona.*

Zona cuarta.–El cuarto grupo (observatorios con menos de 500 *horas-frío*) es representativo de áreas en las que el reposo invernal está claramente limitado y únicamente se podrán cultivar especies y variedades de pocas exigencias o de gran capacidad de adaptación. También en este caso hemos hecho la comparación de las acumulaciones hasta el 1 de febrero (fecha que consideramos tope) y hasta el 15 de febrero. Las cifras obtenidas demuestran claramente el carácter marginal respecto a este factor para el cultivo de frutales caducifolios, de las áreas representadas por los observatorios de este grupo. Aunque en estas áreas hay actualmente plantaciones importantes (Alicante, Murcia, Sevilla, Valencia), ello sólo demuestra la labilidad respecto a este carácter de ciertas variedades; a pesar de lo cual, inviernos particularmente benignos pueden ocasionar daños muy serios en esas plantaciones (Valencia, 1994/95).

GRAFICO 6

DISTRIBUCION DE *HORAS-FRIO* EN DIFERENTES OBSERVATORIOS ESPAÑOLES

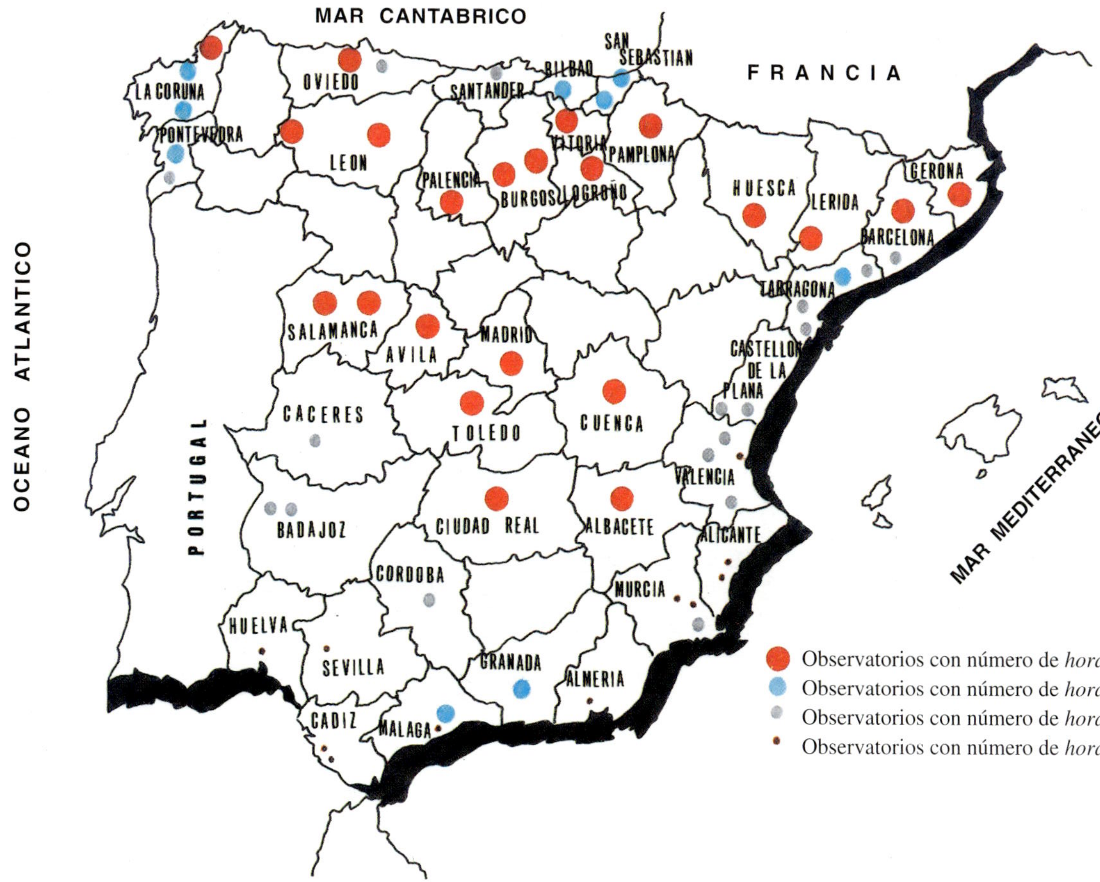

- Observatorios con número de *horas-frío* > 1.500
- Observatorios con número de *horas-frío* entre 1.000-1.500
- Observatorios con número de *horas-frío* entre 500-1.000
- Observatorios con número de *horas-frío* < 500

TABLA 2

OBSERVATORIOS CON NUMERO DE HORAS-FRIO SUPERIOR A 1.500

Provincia	Localidad	FECHA LIMITE ACUMULACION						Período de observaciones
		Hasta el 15 de febrero			Hasta el 1 de marzo			
		N.° máximo	N.° mínimo	Media	N.° máximo	N.° mínimo	Media	
Alava	Vitoria (aerop.)	3.102	1.320	1.996	3.362	1.453	2.183	46-50 (4 años)
Albacete	Base Aérea	5.692	452	2.038	6.000	558	2.245	50-60 (10 años)
Avila	Capital	2.612	1.784	2.294	2.902	2.110	2.563	53-63 (10 años)
Barcelona	S. Lorenzo de Munt.	2.948	2.267	2.488	3.243	2.504	2.737	56-65 (9 años)
Burgos	Base Aérea Villafría	2.696	1.840	2.312	2.925	2.172	2.584	53-63 (10 años)
Burgos	Capital	3.122	2.078	2.654	3.408	2.414	2.966	54-64 (10 años)
Ciudad Real	Capital	2.511	1.354	2.113	2.732	1.644	2.353	54-64 (10 años)
Cuenca	Capital	2.006	1.148	1.605	2.218	1.197	1.783	52-61 (9 años)
Gerona	Capital	3.207	1.170	2.036	3.596	1.292	2.277	42-51 (9 años)
Huesca	Montflorite	2.096	1.232	1.701	2.282	1.512	1.906	54-64 (10 años)
La Coruña	Puentes García Rodríguez	2.380	900	1.589	2.380	900	1.589	52-56 (4 años)
León	Base aérea	2.742	1.804	2.478	3.124	2.140	2.746	54-64 (10 años)
León	Ponferrada	2.240	1.620	1.925	2.468	1.890	2.118	55-65 (10 años)
Lérida	Capital	2.084	1.184	1.663	2.172	1.290	1.809	55-65 (10 años)
Logroño	Agoncillo	2.299	1.156	1.714	2.446	1.452	1.909	54-64 (10 años)
Madrid	El Encín	1.982	1.362	1.777	2.234	1.526	1.954	57-64 (7 años)
Madrid	Retiro	2.084	1.224	1.580	2.215	1.426	1.732	54-64 (10 años)
Navarra	Pamplona	2.150	1.104	1.613	2.305	1.374	1.799	53-61 (8 años)
Oviedo	Lugo de Llanera	1.802	1.182	1.401	1.951	1.518	1.624	54-58 (4 años)
Palencia	Capital	2.513	1.846	2.242	2.844	2.174	2.488	53-63 (10 años)
Salamanca	Matacán	2.380	1.982	2.170	2.664	2.212	2.398	55-65 (10 años)
Salamanca	Capital	2.234	1.806	1.836	2.544	1.968	2.267	55-65 (10 años)

TABLA 3

OBSERVATORIOS CON NUMERO DE HORAS-FRIO COMPRENDIDAS ENTRE 1.000 Y 1.500

Provincia	Localidad	N.° máximo	N.° mínimo	Media	Fecha límite	Período
Granada	Aeropuerto	1.831	1.038	1.488	15 febrero	53-59 (6 años)
Guipúzcoa	Igüeldo	1.749	1.128	1.325	15 febrero	55-65 (10 años)
Guipúzcoa	Fuenterrabía	1.350	734	1.022	15 febrero	56-64 (8 años)
La Coruña	Santiago de Compostela (aeropuerto)	1.456	470	1.121	15 febrero	54-64 (10 años)
La Coruña	Aeropuerto	1.028	1.010	1.019	15 febrero	63-65 (2 años)
Pontevedra	Vigo (aeropuerto)	1.476	931	1.184	15 febrero	60-65 (5 años)
Tarragona	Tivisa	2.033	558	1.481	15 febrero	52-62 (10 años)
Vizcaya	Bilbao (aeropuerto)	1.378	1.034	1.189	15 febrero	49-54/64-65 (6 años)

TABLA 4

OBSERVATORIOS CON NUMERO DE HORAS-FRIO COMPRENDIDAS ENTRE 500 Y 1.000

Provincia	Localidad	FECHA LIMITE ACUMULACION						Período de observaciones
		Hasta el 15 de febrero			Hasta el 1 de marzo			
		N.° máximo	N.° mínimo	Media	N.° máximo	N.° mínimo	Media	
Badajoz	Capital	1.092	292	572	1.133	335	643	46-64 (18 años)
Badajoz	Granja INIA	444	334	657	1.100	692	871	61-65 (4 años)
Barcelona	Capital	756	148	502	878	218	584	42-52 (10 años)
Cáceres	Capital	1.117	256	709	1.192	560	877	54-64 (1O años)
Castellón	Capital	720	190	476	920	279	612	61-64 (3 años)
Castellón	Onda	976	250	539	1.076	348	649	59-64 (5 años)
Córdoba	Aeropuerto	856	564	755	1.062	752	909	60-64 (4 años)
La Coruña	Capital	992	162	446	1.058	216	538	2-45/54-56/58-62 (9 años)
Murcia	Alcantarilla	866	202	475	929	284	576	53-63 (10 años)
Oviedo	Gijón	936	308	577	1.096	436	706	53-64 (9 años)
Pontevedra	Vigo	744	186	398	1.058	216	515	55-65 (10 años)
Santander	Capital	1.128	326	711	1.233	443	880	55-65(10 años)
Tarragona	Casafort-Nules	1.295	438	799	1.378	504	967	52-62 (10 años)
Tarragona	Capital	757	262	504	796	304	595	42-47/62/65 (8 años)
Tarragona	Reus (Base aérea)	788	320	575	973	388	705	57-65 (8 años)
Tarragona	Tortosa	896	202	530	1.118	204	656	54-64 (10 años)
Valencia	Burjasot INIA	703	232	531	858	270	628	57-65 (8 años)
Valencia	Gandía	622	194	408	802	290	546	63-65 (2 años)
Valencia	Onteniente	1.191	475	724	1.286	560	854	54-64 (10 años)

TABLA 5

OBSERVATORIOS CON MENOS DE 500 HORAS-FRIO

Provincia	Localidad	FECHA LIMITE ACUMULACION						Período de observaciones
		Hasta el 15 de febrero			Hasta el 1 de marzo			
		N.° máximo	N.° mínimo	Media	N.° máximo	N.° mínimo	Media	
Alicante	Aeropuerto	643	103	285	736	110	373	53-65 (12 años)
Alicante	Capital	594	108	259	650	113	304	53-65 (12 años)
Almería	Capital	256	4	106	266	6	143	48-58 (10 años)
Cádiz	Capital I. G. Ma.	140	31	70	192	31	83	59-65 (6 años)
Cádiz	San Fernando	322	22	164	342	28	193	49-59 (10 años)
Málaga	Aeropuerto	182	6	48	202	9	58	53-64 (11 años)
Málaga	Capital	44	0	19	78	0	9	60-70 (10 años)
Melilla	Capital	10	0	5	19	0	9	61-65 (4 años)
Murcia	Capital	586	73	318	631	121	393	54-65 (11 años)
Sevilla	San Pablo	708	171	364	769	252	441	54-64 (10 años)
Valencia	Capital	570	102	295	702	108	385	47-57 (10 años)

3

LAS TEMPERATURAS PRIMAVERALES

El final del invierno y los comienzos de la primavera coinciden normalmente con el principio de la actividad vegetativa de las especies frutales de zona templada, una vez concluido su período de reposo. En esta época, el proceso de la floración y el desarrollo inicial de los frutos con fases tan delicadas como la polinización y la fecundación, de exigencias termométricas muy concretas, hacen al árbol frutal particularmente sensible a las condiciones climáticas, condiciones que, por otra parte, son marcadamente variables en este período. En consecuencia, resulta de gran importancia práctica el estudio de los efectos, tanto de las bajas temperaturas primaverales como el de las altas.

Las heladas primaverales. Sus efectos

En condiciones normales, en la época en la que se produce el final del reposo, las temperaturas se han suavizado lo suficiente como para que no sean ya de temer descensos termométricos tan marcados, como los del invierno; por ello, en los meses de marzo y abril, y aún en mayo, en las zonas más frías, las heladas no suelen descender de –5° C, temperatura que sería inofensiva en pleno invierno, pero que puede causar daños a las yemas en evolución.

Las yemas de flor son las más frecuentemente afectadas por las bajas temperaturas, resultando con daños mayores o menores, según la intensidad de la helada y según el estado fenológico en el que la yema se encuentra.

Las partes de la flor más sensibles al frío son, con mucha diferencia, el ovario, los óvulos y la base del estilo, que se congelan, mueren y necrosan cuando están sometidos a temperaturas internas (actinotérmicas) de entre –1° C y –2° C durante más de media hora. Las cubiertas florales son bastante más resistentes, y según estén más o menos cerradas impiden que el frío alcance el gineceo, siendo necesarias temperaturas más bajas para que se produzcan daños. Ello explica que en desborre la yema sea más resistente que el *botón verde;* éste es más resistente que el *botón rosa* y, a su vez, éste es más que la flor abierta, siendo la máxima sensibilidad al frío la del fruto recién cuajado. A partir de este momento, la resistencia aumenta al crecer al fruto, ya que los tejidos de éste aíslan al embrión, incrementando la dificultad para que el frío penetre hasta él.

Diversos autores han estudiado la sensibilidad al frío de especies y variedades en relación con el estado fenológico en el que se encuentren. Es clásico ya el cuadro de resistencias de SAUNIER (1960), en el que se indican las temperaturas soportadas como máximo durante media hora (tabla 6).

TABLA 6

TEMPERATURAS SOPORTADAS COMO MAXIMO DURANTE MEDIA HORA POR LAS DIVERSAS ESPECIES FRUTALES (SAUNIER, 1960)

Especie	ESTADO DE DESARROLLO		
	Botones cerrados mostrando color	**Plena floración**	**Frutos jóvenes**
Melocotonero	–3,9°	–2,5°	–1,6°
Manzano	–3,9°	–2,2°	–1,6°
Cerezo	–3,9°	–2,2°	–1,1°
Peral (1)	–3,9°	–1,7°	–1,1°
Peral (2)	–4,4°	–2,2°	–1,1°
Ciruelo japonés	–3,9°	–2,2°	–1,1°
Ciruelo	–5,0°	–2,8°	–1,1°
Albaricoquero	–3,9°	–2,2°	–0,5°
Almendro	–3,3°	–2,7°	–1,1°
Viña	–1,1°	–1,1°	–0,5°
Nogal	–1,1°	–1,1°	–1,1°

(1) Variedades sensibles: Mantecosa Bosc, Mantecosa Anjou, Conferencia.
(2) Variedades resistentes: Mantecosa Clairgeau, Mantecosa Hardy, Passa Crassana, Williams, Duquesa de Angulema.

En el cuadro puede apreciarse la gran sensibilidad al frío de los frutos jóvenes en todas las especies, particularmente en albaricoquero y vid; por otra parte, antes del *botón rosa* casi todas las especies soportan temperaturas por debajo de –4° C en la fase de *botón verde,* y aún de –5° y –6° C en desborre avanzado.

Las yemas vegetativas y los brotes jóvenes suelen aguantar sin problemas este tipo de temperaturas, salvo en especies particularmente sensibles (vid, nogal, etc.), en las que muere la parte terminal del brote, rebrotando unos días más tarde las yemas laterales más bajas, recuperándose así la vegetación.

En cuanto a los frutos, su resistencia aumenta progresivamente, al aumentar de tamaño, de tal manera que a partir de un determinado momento solamente temperaturas muy bajas (–4° a –6° C) son capaces de penetrar hasta el embrión; si la helada no es tan fuerte, los tejidos del fruto la defienden del frío y los daños son entonces solamente epidérmicos.

Es muy poco frecuente que las heladas primaverales lleguen a afectar a la madera. Cuando ello se produce es que la temperatura ha bajado tanto que flores, frutos y brotes son arrasados.

En líneas generales, las especies propias de clima templado-frío (manzano, peral, cerezo, ciruelo europeo) son más resistentes a las heladas primaverales que las especies típicamente mediterráneas (melocotonero, albaricoquero, ciruelo japonés, almendro). La vid, el olivo y el nogal encuentran en su floración tardía una clara defensa, ya que su sensibilidad a las heladas es muy grande. Las diferencias intervarietales son a veces mayores que las existentes entre las especies, si bien en el momento del cuajado del fruto una temperatura de –2° C es mortal para casi todas las especies y variedades cultivadas en la zona templada.

Foto 3.1.–Comparación entre flores normales sanas y flores heladas (derecha). El gineceo está necrosado.

Daños producidos por las heladas primaverales

Todos los fruticultores del mundo conocen y temen los daños que producen las heladas primaverales, que son consecuencia de los efectos indicados anteriormente y que hacen que este factor sea el que con más frecuencia se considera como *limitante* del cultivo frutal de algunas especies en gran número de regiones frutícolas. Aunque, en general, el efecto del frío se manifiesta en las necrosis de ovarios y del estilo, imposibilitando la fecundación posterior, en fases más avanzadas del proceso de floración la temperatura puede afectar al embrión recién formado o a los tejidos epidérmicos del fruto.

Si la helada se produce con las yemas todavía cerradas en estado de desborre avanzado, *botón verde* o *botón rosa,* éstas pueden continuar su desarrollo, llegando a abrirse posteriormente con apariencia normal; en realidad, el ovario y el estilo están afectados por el frío, con lo que la flor es estéril y no llega a cuajar fruto alguno, desecándose y cayendo más tarde. A veces, si la helada ha sido intensa, la yema no abre y se ennegrece y desprende por haber quedado dañado el pedúnculo de la misma. En cualquiera de los casos, el corte longitudinal de la yema de veinticuatro a cuarenta y ocho horas después de las heladas pone de manifiesto los daños producidos en el gineceo de la flor.

En estado de *plena floración,* la helada afecta igualmente al ovario y base del estilo, y sólo en algunas ocasiones a los pétalos extendidos. Igual que en el caso anterior, la flor queda estéril y, salvo en el caso de las variedades partenocárpicas, se marchita y cae sin poder formar fruto.

En los casos en los que la helada sobreviene cuando ya se ha producido el *cuajado*, los daños dependen de la intensidad del frío y del tamaño alcanzado por el fruto. Si la helada es suficientemente intensa, o el fruto está todavía en sus primeras fases de desarrollo, normalmente el frío alcanza al embrión, ocasionando su necrosis y la del sistema vascular que lo nutre. En esta situación, el fruto deja de crecer y cae, bien inmediatamente, o bien en el caso de frutos ya de cierto tamaño después de algún tiempo (dos o tres semanas). Siempre en estos casos el corte transversal del fruto pone al descubierto la almendra oscurecida y marchita o la zona vascular del fruto totalmente necrosada a las cuarenta y ocho horas de la helada.

Cuando el frío es poco intenso, o el fruto está ya bien desarrollado puede ocurrir que la helada no llegue a afectar al embrión y que los daños sean sólo epidérmicos. En estos casos, el frío provoca lesiones en forma de grietas microscópicas en la epidermis, que cicatrizan posteriormente, suberificándose y tomando el aspecto de mancha de color pardo. Estas manchas pueden ser de tamaños muy diversos, desde minúsculos punteados hasta grandes manchas, y pueden estar localizadas en forma dispersa en el fruto, en los alrededores de la fosa calicina o en forma de anillo ecuatorial en el fruto. Por otra parte, la lesión puede ser solamente superficial o penetrar en el mesocarpio, de tal manera que el fruto en su desarrollo posterior se deforme. Siempre que

Foto 3.2.–Daños apreciables en la floración de un almendro por helada primaveral.

estos tipos de lesiones no sean demasiado graves, el fruto puede llegar a alcanzar la madurez, pero su calidad comercial queda afectada y el valor de la cosecha disminuye. El hecho de que en un fruto se produzca un tipo u otro de estos daños parece depender del momento en el que se produce el frío y de la especie y variedad de que se trate.

La muerte celular causada por el frío en los tejidos afectados está la mayor parte de las veces originada por la ruptura del protoplasma y membrana, a consecuencia de la formación de cristales de hielo en el interior de las células, o de la rápida rehidratación después de la contracción originada por el frío. En el caso de frío más intenso, la muerte celular parece deberse a la precipitación de coloides del protoplasma sin recuperación posible.

Estudio de las heladas primaverales

Dada la importancia de los efectos de las heladas sobre la producción frutal y su carácter en muchos casos limitante para especies y variedades, y dada la incidencia que en estos efectos puede tener el estado fenológico del árbol y

Foto 3.3.–Daños severos en las flores de un albaricoquero por helada en plena floración.

la intensidad de la helada (en la que medio grado de diferencia puede representar la pérdida total de la cosecha), el estudio detallado del régimen de heladas primaverales en una zona se convierte en uno de los componentes clave del análisis climático en regiones frutícolas.

Desde un punto de vista técnico, el mejor estudio que puede hacerse debería poder contar con *diez o quince años de datos termográficos corregidos en una zona;* con estos datos podríamos definir fácilmente:

1.° Fechas más probables de heladas primaverales.
2.° Fecha más probable de las últimas heladas.
3.° Fecha de las heladas extremas.
4.° Intensidad de las últimas heladas.
5.° Duración y características de estas heladas.

No cabe duda que si estos datos los podemos comparar con las fechas medias de los estados fenológicos de una especie o variedad de la zona objeto del estudio, la deducción del riesgo que corremos en su cultivo es fácil (ver gráfico 7).

GRAFICO 7

INFLUENCIA DE HELADAS SOBRE FLORACION DE MANZANO EN ANTEQUERA (MALAGA)

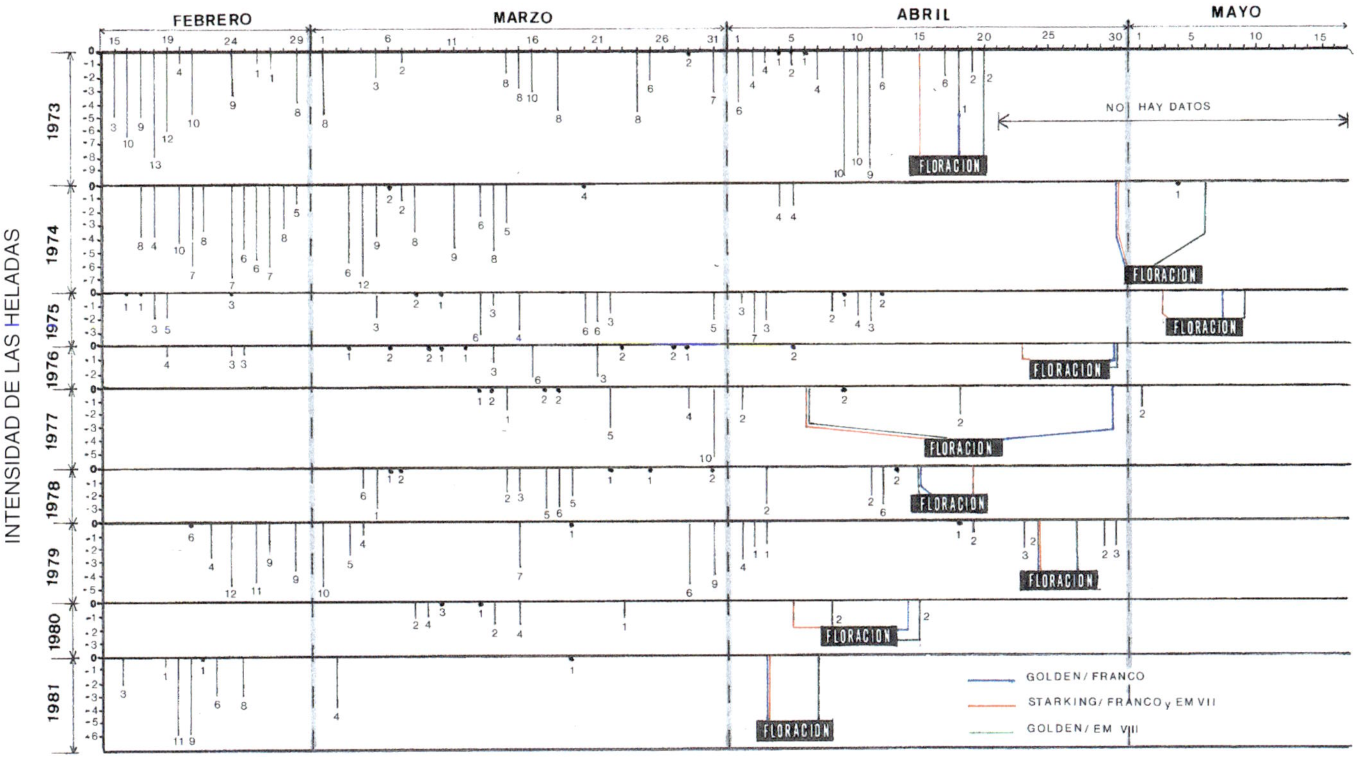

Los números reseñados en cada helada reflejan la duración de la misma en horas bajo 0°

Foto 3.4.–*Anillo de hielo* formado en peras jóvenes por heladas primaverales ligeras en las primeras fases del desarrollo.

En la inmensa mayoría de los casos no resulta fácil disponer de los datos termográficos corregidos (muchas veces los observatorios no disponen de termógrafo) ni de las *fechas medias de los estados fenológicos* de una variedad (caso de nuevas zonas de cultivo o de nuevas variedades sin experimentar); en estos casos el análisis tiene que basarse necesariamente en los datos que haya disponibles, que normalmente son:

1. Temperaturas mínimas mensuales.
2. Fechas en que se producen.
3. Fecha e intensidad de la última helada.
4. Días mensuales de helada.

El análisis basado en estos datos está sujeto a grandes riesgos de error, debidos fundamentalmente a las diferencias entre las temperaturas de observatorio y las reales actinotérmicas (a veces, de hasta 3° C) y también a la imposibilidad de fijar la fecha más probable de la última helada ni la frecuencia real de las heladas en un período determinado. Por otra parte, el desconocimiento de las fechas medias de los estados fenológicos clave hace imprevisible el cálculo del riesgo real al que cada variedad está sujeta.

El estudio de los períodos de heladas probables, mediante Emberger, está aún más sujeto a errores y sólo puede tomarse como una primera aproximación al problema. En líneas generales hay que considerar que, dada la importancia decisiva que muy pequeños márgenes de temperatura tienen sobre la

Foto 3.4 bis.–*Anillo de hielo* claramente marcado en peras ya desarrolladas.

pérdida de la cosecha, si no se puede hacer un estudio muy detallado basado en datos muy reales, *cualquier otro análisis no pasa nunca de ser una aproximación muy poco concluyente.*

Las heladas primaverales pueden ser de tres tipos:

a) Heladas de convección.
b) Heladas de irradiación.
c) Hladas de evaporación.

Las *heladas de convección* son las producidas por irrupciones de masas de aire frío, con temperaturas inferiores a los 0° C. Son las denominadas *olas de frío,* que pueden ir acompañadas de vientos y precipitaciones de nieve y que generalmente se producen por corrientes de vientos de dirección Norte-Sur. Los descensos termométricos suelen ser en estos casos intensos y rápidos, y normalmente producen daños muy importantes, tanto si estamos en primavera como en pleno invierno (febrero 1956, marzo 1977, enero 1985, marzo 1995).

Las *heladas de irradiación* son el tipo más frecuente de heladas primaverales y se producen normalmente por la pérdida continua de calor, por irradiación durante la noche de la superficie terrestre y de la de los vegetales. Esta pérdida es tanto más intensa en noches claras, despejadas sin viento y con baja humedad.

La irradiación superficial enfría el aire, que al aumentar de densidad cae al nivel del suelo; de esta forma las capas más bajas son las más frías, aumentando la temperatura hasta una cierta altura, que se llama *nivel de inversión.* En las zonas en pendiente el aire más frío cae al fondo, formando en los valles acumulaciones de aire con temperaturas mucho más frías que en las laderas (gráfico 9).

Las *heladas de evaporación* son causadas por el enfriamiento producido al evaporarse el agua que recubre el suelo y los vegetales cuando el ambiente es frío y seco. El calor de evaporación se toma de las plantas, con lo que éstas pueden enfriarse considerablemente. La presencia de aire en estas condiciones incrementa el riesgo de helada.

Métodos de defensa

Desde siempre, los fruticultores han intentado defender sus cosechas del azote que para ellos representaban las heladas primaverales y, en realidad, muchos de los métodos actuales de defensa no son más que adaptaciones y perfeccionamientos de los antiguos sistemas, un tanto intuitivos, que usaban en el pasado. Si intentamos hacer un análisis sistemático de estos sistemas, podríamos establecer el cuadro siguiente:

METODOS DE DEFENSA

A. *Indirectos*
- *a)* Especies y variedades resistentes.
- *b)* Emplazamientos adecuados.
- *c)* Técnicas de cultivo apropiadas.

B. *Directos*
- *a)* Pantallas protectoras.
- *b)* Uso de ventiladores.
- *c)* Calentamiento.
- *d)* Riego por aspersión.
- *e)* Tratamientos químicos.

A. Métodos de defensa indirectos

Son todos aquellos que intentan evitar que las heladas afecten los huertos, procurando que éstas no se produzcan o que los valores alcanzados por las temperaturas no superen los índices de resistencia del árbol. En su conjunto, constituyen un grupo de métodos, fieles al principio de que *la mejor defensa es no tener que pensar en ninguna defensa,* principio que en fruticultura es probablemente la base más razonable de la producción.

a) *Especies y variedades resistentes:* Aunque tal como ya hemos indicado, *ninguna especie o variedad frutal de zona templada puede considerarse especialmente resistente al frío primaveral,* en particular, en el estado de máxima sensibilidad del *cuajado del fruto,* y aunque las diferencias en resistencia específica en el mismo estado fenológico para los diferentes frutales sean muy pequeñas (1° a 2° C), uniendo estas diferencias con las producidas en las fechas medias de la floración, y con ciertas peculiaridades morfológicas y fisiológicas, puede conseguirse en muchas ocasiones una gran posibilidad de disminución de los riesgos de helada.

Foto 3.5.–Neumáticos amontonados para quemarlos en noches de helada y formar nubes defensivas de humo.

El factor más importante a tener en cuenta lo constituyen las diferencias existentes en la fecha de floración, en especies entre sí y entre variedades de una misma especie. Este hecho, vinculado, por una parte, a las necesidades de reposo de cada una y, por otra, a sus exigencias en calor para florecer, da a veces diferencias de hasta 50-60 días entre especies (almendro-manzano, por ejemplo) y de hasta 15-20 días entre variedades, lo que explica cómo en determinadas zonas unas especies y variedades no pueden cultivarse por helarse siempre, mientras otras no sufren daño alguno por heladas primaverales. Este hecho es tan determinante que al proyectar una nueva plantación en un área con riesgo de heladas debemos siempre intentar conocer por todos los medios previamente las fechas medias de floración de las especies y variedades que nos interesen.

En un mismo estado fenológico, las diferencias en resistencia entre especies o entre variedades son mucho menos importantes cuantitativamente. Las diferencias entre especies se han indicado ya en el cuadro de Saunier (ver tabla 6), en el que puede apreciarse la mayor resistencia específica del cerezo, manzano, ciruelo europeo y peral en relación a las demás especies de zona templada; en cuanto a las diferencias intervarietales, la experiencia demuestra claramente que algunas variedades de manzano (Golden Delicious, Belleza de Roma, Stayman), de peral (Limonera, William's, Passa Crassana), los cerezos ácidos en general y las ciruelas europeas (Reina Claudia) son más resistentes que otras. A veces, estas diferencias intervarietales son debidas más a otros factores (floración posterior, mejor porcentaje de fecundación, etcétera) que a diferencias reales en la resistencia específica al frío (gráfico 8).

GRAFICO 8

ESCALA DE FLORACION DE DIFERENTES VARIEDADES DE VARIAS ESPECIES DE HUESO

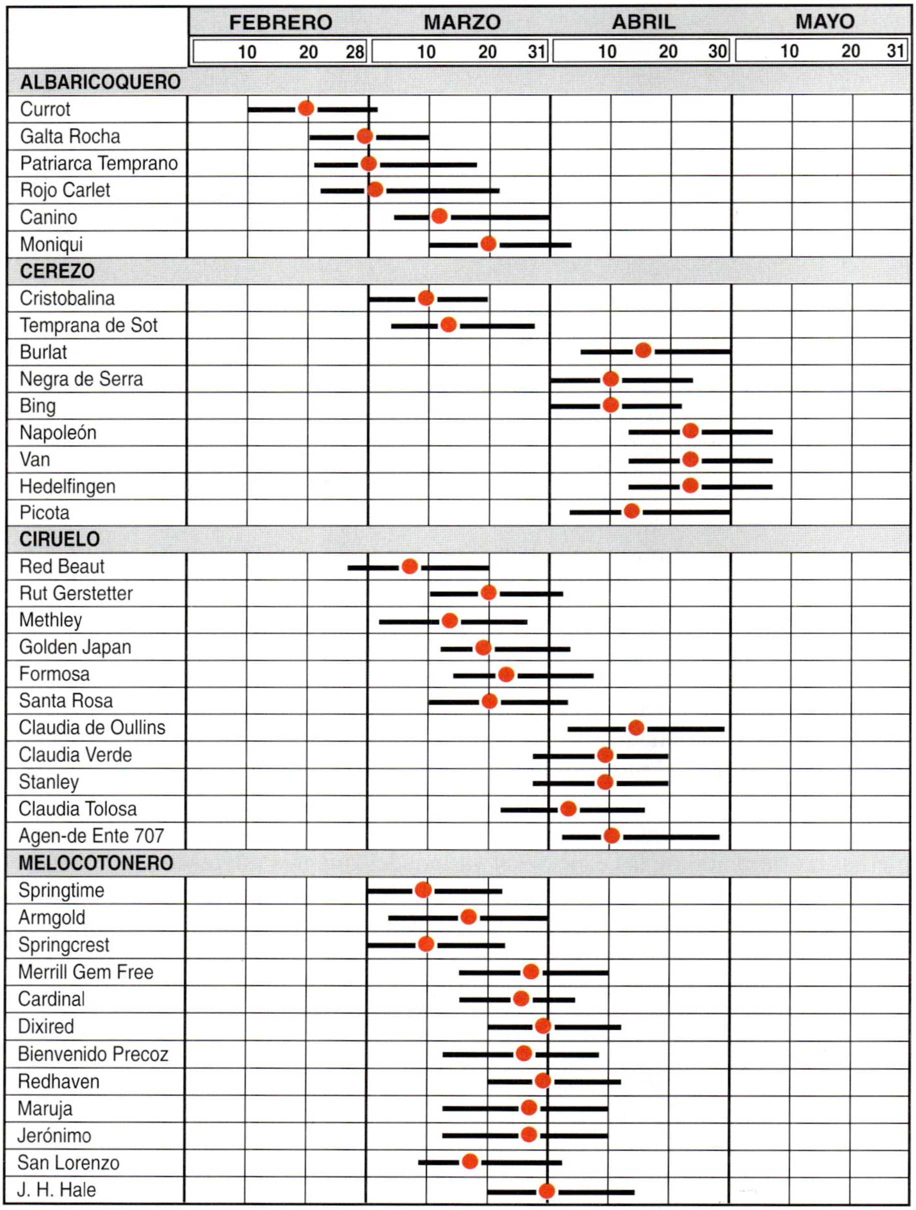

Floración ● Plena floración **Catálogo de Viveros Orero Segorbe (Castellón)**

Foto 3.6.–Neumáticos rellenos de paja húmeda, colocados para quemarlos formando nubes de humo.

Algunas peculiaridades morfológicas o fisiológicas pueden representar una ayuda importante. Así, la presencia de flores cleistogamas (Melocotón GF-305), o simplemente péndulas, y sobre todo la mayor capacidad partenocárpica (Peral William's y Limonera) son factores muy a tener en cuenta.

b) *Elección adecuada del emplazamiento del huerto.* Cuando se trata de heladas de convección, los factores topográficos y microclimáticos tienen muy poca influencia y permiten, en general, pocas posibilidades de defensa; sin embargo, en el caso de heladas de irradiación y de evaporación, estos mismos factores pueden ser decisivos a la hora de agravar o anular los riesgos de helada. En consecuencia, al establecer una plantación en zonas donde estos riesgos existen, todos los factores topográficos que incrementan estos riesgos deben tomarse en cuenta.

En las heladas de irradiación hay que intentar evitar que se formen las capas de inversión y favorecer el drenaje del aire frío. Los fondos de los valles, las zonas encajonadas, las umbrías y los obstáculos (setos, paredes, etc.) a la circulación del aire son factores nefastos; igualmente favorecen las heladas de irradiación las zonas llanas y despejadas de gran superficie, donde la inversión es inevitable. En contraste, las plantaciones en ladera bien ventiladas, en solanas y sin obstáculos al drenaje del aire tienen menos riesgo (gráfico 9).

De la misma forma, las zonas húmedas, en umbría poco aireadas y próximas a cursos y acumulaciones de agua favorecen las heladas de evaporación. Estas suelen ser poco intensas, pero también son peligrosas.

GRAFICO 9

PROCESO DE FORMACION DE HELADAS DE IRRADIACION

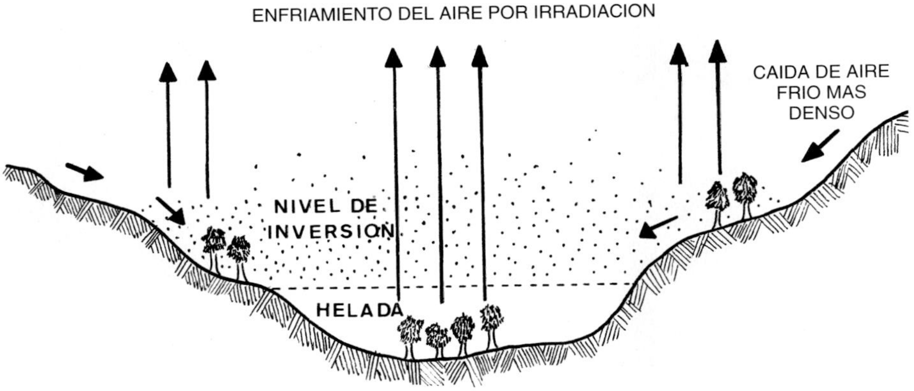

En un valle con plantaciones frutales, la pérdida de calor por irradiación enfría el aire, que cae al fondo por su mayor densidad, mientras que el aire más caliente queda desplazado en altura. De esta forma se producen heladas en el valle, mientras las laderas se mantienen por encima de 0° C.

c) *Utilización de técnicas adecuadas de cultivo.* Todo lo que favorece la irradiación hay que intentar eliminarlo para no incrementar los riesgos normales de helada; como aquélla es proporcional a la superficie irradiante y ésta, a su vez, está compuesta por la superficie del terreno más la de la vegetación herbácea, la situación más favorable se produce cuando el terreno está alisado y compactado, y la vegetación no existe o, si la hay, está completamente rapada. Terrenos recién labrados, mullidos y con vegetación sin rapar irradian mucho más fácilmente el calor y originan heladas más intensas (hasta 4° C y más de diferencia). En consecuencia, en zonas donde exista riesgo de heladas, si el terreno se mantiene con labores, lo mejor será dar un gradeo o pase de cultivador, durante el invierno para eliminar la vegetación herbácea, y no volver a cultivar hasta pasado el riesgo de heladas, pasando un rulo si el terreno se mantuviese mullido o dando un tratamiento herbicida en su caso si naciese mucha vegetación, al producirse el desborre. En el caso de huertos con cubierta vegetal, lo mejor es rapar al máximo ésta con una o dos siegas en el desborre.

La cantidad de agua en el suelo es también importante. Los suelos húmedos irradian mucho menos calor, por lo que en la época de las heladas un riego puede ser aconsejable si el suelo está muy seco, aunque también puede incrementar el riesgo de heladas de evaporación si las condiciones ambientales lo favorecen. La decisión requiere experiencia y buenos elementos de juicio.

En un valle con plantaciones frutales, la pérdida de calor por irradiación enfría el aire, que cae al fondo por su mayor densidad, mientras que el aire

Foto 3.7.–Bidones llenos de aceites residuales para quemar en noches de helada.

más caliente queda desplazado en altura. De esta forma se producen heladas en el valle, mientras las laderas se mantienen por encima de 0° C.

El buen estado general de la plantación con buenas técnicas de riego, fertilización, poda y defensa fitosanitaria, al mantener la planta en buen vigor vegetativo y nutricional, no mejora su resistencia intrínseca al frío, pero sí su capacidad de recuperación, así como su intensidad de floración y su porcentaje de cuajado. En estos casos, la respuesta del árbol es mejor casi siempre, aunque en algunas ocasiones riegos y abonados desmedidos e inoportunos (otoño) pueden incrementar los daños por frío, al no lignificar bien sus elementos.

Podas tardías se emplean a veces (viñedo en Rioja) como medio de retrasar la brotación para eludir las heladas; el método no siempre es efectivo, aunque en algunos casos los ocho o diez días que pueden ganarse así pueden ser determinantes.

B. Métodos directos de defensa

Se entienden como métodos directos de defensa todos aquellos que pretenden retrasar las fechas medias de los estados fenológicos próximos a la *plena floración,* o bien mantener a los árboles y a su entorno más próximo por encima de las temperaturas críticas, aunque las condiciones ambientales estén por debajo de éstas.

Foto 3.8.–Estufas anti-heladas de 50 litros colocadas en una plantación de melocotonero en primavera.

a) *Pantallas protectoras*

Es probablemente el sistema más antiguo e intuitivo. Está basado en la observación de que con cielo nublado normalmente no se producen heladas, ya que las nubes reflejan hacia abajo la irradiación natural del suelo y de las plantas. Es claro que este hecho sólo se produce en condiciones de irradiación, y por ello se ha intentado imitar formando nubes y nieblas artificiales a baja altura, que limiten las pérdidas de calor progresivas en noches de helada.

La formación de nubes y nieblas artificiales se ha intentado bien formando humo a base de quemar residuos baratos (paja húmeda, neumáticos usados, maderas de poda, etc.), o bien mediante reacciones químicas que lo produzcan (cloruro amónico, compuestos de zinc, etc.). El humo, al dispersarse, se une con el vapor de agua atmosférico y origina una niebla espesa, que frena la irradiación. El método es poco eficaz y sólo sirve en caso de heladas ligeras; hay muy poco incremento termométrico, y cuando la temperatura baja de –2° ó –3° C no da resultado. Es imprescindible que no haya viento y tener varios generadores de humo cuando la plantación a defender es de cierto tamaño, y no puede usarse cerca de carreteras o núcleos de población. En líneas generales, el sistema puede mejor complementar otros métodos, que servir de defensa única.

Aparte de los residuos de poco valor ya citados, hay disponibles comercialmente productos fumígenos y generadores ampliamente usados en algunas zonas.

b) *Uso de ventiladores*

Como el anterior, es un método relativamente poco eficaz, aunque suficiente en algunos casos en heladas ligeras. Está basado en la existencia de una capa de aire más caliente, en condiciones de irradiación, sobre otra de aire frío a nivel del suelo, a la altura de *nivel de inversión* (unos 10-15 metros). Si en estas condiciones generamos corrientes de aire, ambas capas se mezclan, aumentando la temperatura de la más baja, o bien ésta se desplaza, permitiendo que el aire caliente superior descienda a la altura de los árboles. En ambos casos la temperatura puede ganar entre 1° y 3° C, lo que puede evitar daños de heladas ligeras; descensos termométricos más fuertes no pueden combatirse con este sistema.

La formación de las corrientes de aire se consigue en la práctica con ventiladores accionados por motores diésel o eléctricos; los ventiladores pueden ser móviles o estáticos y montados a nivel del suelo o sobre torres de una cierta altura. El rendimiento depende de la forma y longitud de las palas de la hélice, de la altura y de la potencia del motor; éstos suelen tener entre 50 y 150 HP, y para mejorar la defensa se asocian varios equipos, de forma que cada uno defienda de dos a cinco hectáreas.

El sistema consume poca energía (20-30 HP por hectárea) y precisa poca mano de obra. Adaptaciones modernas del método que mejoran los resultados son el empleo de ventiladores de aire caliente (consume más energía, pero permite mejor defensa) y el uso de helicópteros en vuelo para conseguir el mismo efecto, que permite ampliar considerablemente el área defendida.

c) *Calentamiento*

A diferencia de los anteriores, es un sistema de gran eficacia, aunque de elevado costo de funcionamiento. Teóricamente, no hay límite en cuanto a las posibilidades de defensa, aunque en la práctica resulte difícil de evitar que se produzcan daños cuando las temperaturas desciendan por debajo de –5° C. El sistema, también empleado desde hace mucho tiempo, consiste en crear en el huerto una serie de focos de calor y, a ser posible, de radiación infrarroja, que contrarreste el descenso termométrico mediante la combustión de alguna fuente de energía.

Foto 3.9.–Despiece de una estufa anti-helada de 50 litros con chimenea.

Los focos de calor pueden ser estufas o quemadores de múltiples tipos y con diferentes clases de combustibles. Las estufas o quemadores pueden ser autónomos o inter-conectados a una instalación centralizada. Podría establecerse la clasificación siguiente:

ESTUFAS O QUEMADORES

- *Combustible sólido*
  - Estufas de carbón
  - Bloques de carbón
  - Candelas de cera
  - Briquetas de madera o turba
- *Combustible líquido* (gasóleo, fuel, aceite)
  - Estufas de llama lenta
  - Estufas de chimenea
  - Estufas con retorno
  - Estufas de chimenea cónica
- *Combustible gaseoso* (propano, gas natural)
  - Quemadores simples
  - Quemadores con chimenea

Las estufas y demás focos caloríficos actúan por calentamiento directo, y también por irradiaciones de calor desde las superficies calentadas. Dado que este efecto es mucho más eficaz y menos sometido a pérdidas (por ascensión del aire caliente), son preferibles aparatos con grandes chimeneas irradiantes a aquellos de fuego libre. De la misma manera, son preferibles los aparatos conectados entre sí que las estufas y quemadores individuales; en este caso conviene que la capacidad de éstos garantice por lo menos dos noches de funcionamiento sin rellenar (50 litros), ya que los menores exigen relleno y los mayores son de difícil manejo. En cualquier caso, la defensa por calentamiento precisa de una infraestructura que permita el almacenaje y reparto de aparatos y de combustibles, así como su encendido, apagado y relleno, lo que en muchos casos supone una considerable inversión adicional. Salvo el caso de instalaciones centralizadas y automatizadas, la mano de obra necesaria también es importante (uno a dos hombres por hectárea y noche).

La eficacia de la defensa es mayor cuanto más grande es el número de focos caloríficos, aunque éstos sean de pequeña intensidad. En general, este número varía entre 400/ha si son fuegos libres, y 150/ha si se trata de aparatos con chimenea y retorno. El calentamiento interno de la parcela crea corrientes de aire frío exterior, lo que obliga a duplicar la densidad de los focos de calor en los bordes de la parcela y, sobre todo, en el borde Norte. Los consumos

Foto 3.10.–Estación de recepción y almacenamiento en campo de 50.000 litros de gasóleo para el abastecimiento de las estufas anti-helada.

GRAFICO 10

DIFERENTES TIPOS DE ESTUFAS ANTI-HELADA

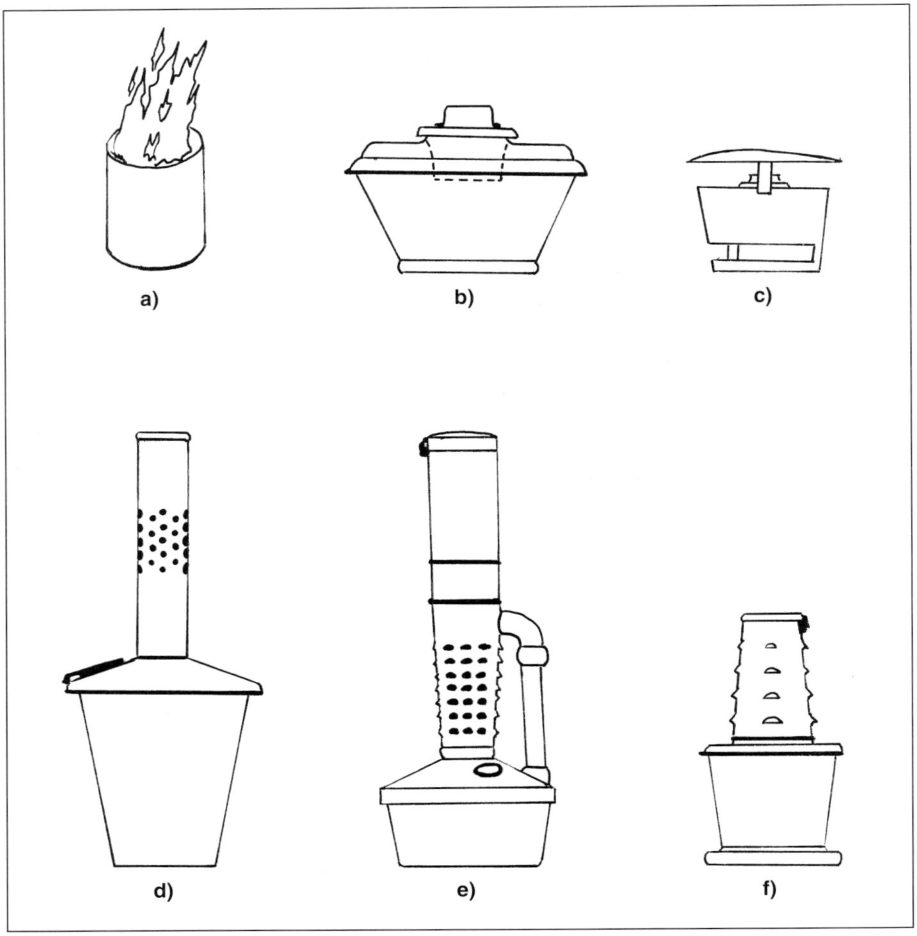

a) Candela de combustible sólido.
b) Estufa de 20 litros de llama libre.
c) Estufa de 15 litros de llama lenta.
d) Estufa de 50 litros de chimenea.
e) Estufa de 30 litros de chimenea con retorno.
f) Estufa de 30 litros de chimenea «anti-humos».

deben poder regularse, para adaptarse a la evolución de la helada; por regla general, varían entre uno y dos litros de gasóleo por hora y aparato en las estufas de combustible líquido.

Los sistemas basados en el calentamiento son de buena eficacia, pero de inversión elevada, pérdidas altas de calor y manejo difícil y engorroso. Por otro lado, los precios actuales de los combustibles los hacen difícilmente rentables, salvo casos excepcionales. En consecuencia, después de una época en la que su uso se extendió, hoy puede decirse que están en regresión; únicamente cuando se puede recurrir a combustibles baratos, aceites usados, etc., se puede pensar en utilizarlos, si bien entonces la formación de humos y hollín en las chimeneas es tan importante que puede obligar a trabajos adicionales de mantenimiento y limpieza.

d) *Riego por aspersión*

Junto con el anterior, constituye el método de defensa más seguro, con la diferencia a su favor de ser mucho más cómodo y versátil. Es el único sistema que bien proyectado y ejecutado puede defender cualquier intensidad de helada y permite unas posibilidades de automatización muy difíciles de conseguir con otros sistemas.

Foto 3.11.–Torre ventilador antihelada en una plantación de manzanos.

Foto 3.12.–Aspersión anti-helada en una plantación de kiwis.

La defensa mediante riego por aspersión está basada en el desprendimiento de calor (80 calorías/gramo), que se produce al congelarse el agua, pasando del estado líquido al sólido; parte de este calor puede pasar a los órganos del árbol, sobre los que se produce la congelación, haciendo que éstos se mantengan a 0° C o un poco por encima de esta temperatura. En consecuencia, el método consiste en aportar el agua necesaria, recubriendo el árbol mediante aspersión sobre la vegetación, mientras duran las condiciones de helada, de tal manera que su congelación continua garantice la salvación de los tejidos vegetales.

Normalmente, una precipitación de 2 mm/hora (20 m^3/hora y hectárea) sería suficiente para conseguir que no haya daños en heladas de hasta –6° C. Sin embargo, una precipitación tan baja resulta difícil de conseguir con los equipos comerciales de aspersión; y ello unido a la necesidad de compensar las pérdidas de calor originadas por la evaporación de parte del agua si el ambiente es seco y las irregularidades de distribución inevitables en aspersiones normales obliga a duplicar, y a veces a triplicar la precipitación aportada, que llega en muchos casos a 6 mm/hora (60 m^3 hora y ha). Este incremento de volumen plantea, aparte del problema que representa el alto caudal instantáneo necesario (10-15 litros/sg y ha), problemas adicionales, tales como el excesivo peso del hielo formado (que puede provocar roturas de ramas) o encharcamientos peligrosos si hay que repetir la defensa varias noches seguidas.

La instalación no difiere en nada de una de riego por aspersión convencional, salvo en el hecho de que tiene que cubrir toda la plantación en forma simultánea; el riego tiene que ser sobre follaje, y los aspersores deben ser de alcance medio (10-15 metros) y funcionando a poca presión. Es necesario también disponer de caudal instantáneo necesario para la superficie a defender, y si no lo hay, habrá que tener una alberca o estanque para almacenamiento del agua necesaria para 8-10 horas de riego.

Ante el riesgo de avería en las bombas, o de cortes de corriente eléctrica, es igualmente preciso disponer de plantas de bombeo de emergencia y, en su caso, de grupos electrógenos de la debida potencia.

La instalación y el equipo son costosos, pero tienen la ventaja sobre otros sistemas de que con ligeras adaptaciones pueden emplearse para el riego normal, lo que facilita la amortización. Por otro lado, aunque el funcionamiento exige mano de obra (un hombre/hectárea) y un trabajo duro y molesto de vigilancia durante la helada, la automatización y regulación son mucho más factibles que con los demás sistemas.

El comienzo del riego debe producirse cuando se alcanzan +0,5° C bajando, y no debe interrumpirse bajo ningún concepto hasta que no se alcanza de nuevo la temperatura de +1,5° C en ascenso.

e) *Tratamientos químicos*

Diversos tipos de tratamientos con productos químicos se han ensayado también como métodos de defensa anti-helada. Inicialmente, estos tratamientos pretendían conseguir un retraso en la apertura de las yemas (pulverizaciones con DNOC y con ciertas sales minerales en estado fenológico de *desborre*); los resultados no han conseguido más de una semana efectiva de retraso, lo que es poco eficaz.

Mucho más importante ha sido el empleo en pulverización en *plena floración* con productos estimuladores de la partenocarpia en los frutos; de éstos, los derivados del ácido giberélico se muestran como los más eficaces en perales afectados por heladas, hasta el punto de que hoy el cultivo de la variedad *Blanquilla de Aranjuez* o de *Agua* en el valle del Ebro casi no se concibe sin el tratamiento en floración con el ácido giberélico.

C. Métodos combinados

En la defensa contra las heladas primaverales los mejores resultados se consiguen a base de combinar métodos de diversos tipos. Así, una buena elección del emplazamiento de la variedad a cultivar puede permitir evitar los daños con métodos como la formación de humos o los ventiladores. Otras veces se puede reforzar la acción de un método, como calentamiento aprovechando el humo formado en las estufas, o como los ventiladores, acoplándoles un calentador. En cualquier caso, la defensa contra heladas intensas (–3° C o más) solamente es posible mediante calefacción o riego por aspersión.

GRAFICO 11

ESQUEMA FUNCIONAL DEL PSICROMETRO

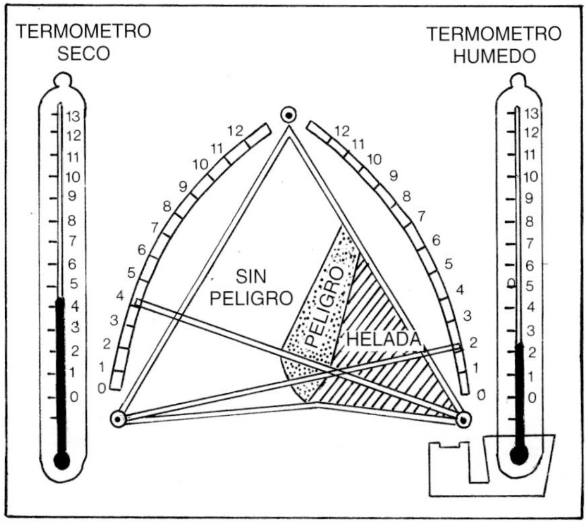

Psicrómetro

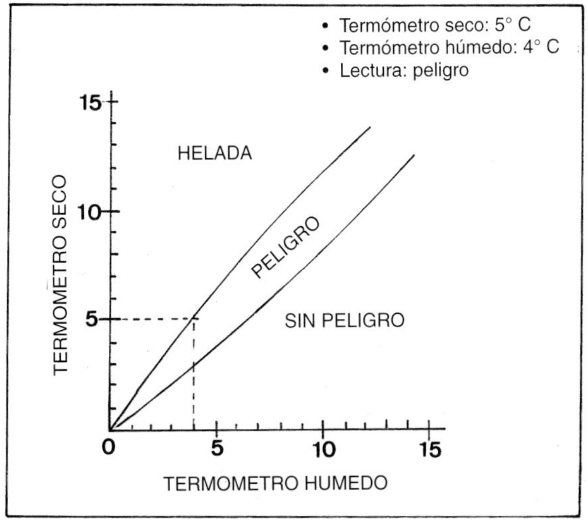

Gráfica independiente para determinar localmente el riesgo de helada.

Previsión y control de las temperaturas

Dada la incidencia que en los efectos de una helada primaveral puede tener una diferencia de +1° C, resulta esencial en la previsión y defensa de una determinada plantación el disponer de elementos suficientes y veraces para mantener una información que nos permita en todo momento prever la evolución que van a sufrir las temperaturas.

La previsión anticipada con algunas horas de tiempo puede hacerse en la mayoría de los casos con el *psicrómetro,* aparato que permite contrastar simultáneamente los registros de dos termómetros de mercurio iguales, uno de ellos normal, que da la temperatura del aire, y el otro con su depósito envuelto en una muselina que se mantiene húmeda. Las lecturas de ambos, llevadas a una gráfica, dan el riesgo de helada que existe (gráfico 11).

El fundamento del aparato es sencillo; si el aire está seco, la evaporación de agua será intensa, con lo que la temperatura del termómetro húmedo será más baja que la del seco; si el aire está próximo a la saturación, no habrá casi evaporación y las lecturas de ambos termómetros diferirán muy poco. En

Foto 3.13.–Detalle de una instalación móvil de aspersión anti-helada en una plantación en espaldera de manzano.

Foto 3.14.–Psicrómetro para control y prevención de heladas.

consecuencia, las diferencias de lecturas serán tanto más acusadas cuanto más seco sea el ambiente.

El riesgo de helada se acentúa cuando el aire contiene menos de cinco gramos de vapor de agua por metro cúbico (ésta es la humedad de saturación a 0° C). Si el contenido de vapor de agua es mayor, el exceso se condensa antes de llegar a 0° C, formando niebla o rocío, lo que desprende calor, disminuyendo la irradiación. La temperatura a la que se produce la condensación del vapor de agua existente se llama punto de rocío (PR), y su valor constituye una clara indicación de la cantidad total de vapor de agua que hay en el aire, de tal manera que cuanto más alto es el PR, más vapor de agua hay, independientemente de la temperatura del momento. A medida que el aire se seca, si el PR desciende por bajo de 0° C, al descender la temperatura por la irradiación nocturna no se libera el calor de condensación y el riesgo de heladas se acentúa.

Normalmente, los *psicrómetros* llevan incorporados una gráfica, que delimita en función de las condiciones locales medias las diferencias de lectura que significan un PR bajo, y, en consecuencia, el riesgo de helada.

Aunque la previsión del riesgo de helada se realice con los psicrómetros, el control de la evolución de las temperaturas durante la noche debe realizarse con la máxima exactitud posible. Esta se consigue mediante buenos termómetros de mínima, de alcohol colocados horizontalmente al aire libre, a alturas entre 0,40 y 1,50 metros, según el desarrollo de la copa de los árboles a defender; en estas condiciones la lectura es próxima a la temperatura del propio árbol (temperatura actinotérmica), ya que el bulbo del termómetro está sometido a los mismos efectos de irradiación. Deben situarse varios termómetros distribuidos en cada parcela, separados de los árboles y cubiertos en su caso con una tabla que evite la incidencia de rayos del sol y la acumulación de humedad, ya que entonces se falsearían las lecturas. Siempre es conveniente colocar algún termómetro más fuera de la plantación para comprobar la eficacia de la defensa (gráfico 12).

En instalaciones grandes y automatizadas, los termómetros pueden estar conectados a sistemas de alarma acústica o, en su caso, activar los relés de puesta en marcha y parada de la instalación de defensa.

Las heladas primaverales en España

Las heladas tardías constituyen el factor limitante desde el punto de vista económico más importante de todos los que pueden tomarse en consideración, en un análisis climático en la inmensa mayoría de nuestras regiones frutícolas. Salvo muy contadas zonas (litoral cantábrico, litoral mediterráneo, el bajo Guadalquivir, algunos valles de afluentes del Ebro, etc.), todo el resto de las áreas de cultivo frutícola tiene riesgo de heladas tardías, que en las zonas más precoces suelen producirse en marzo, y en la meseta y zonas más frías pueden llegar hasta finales de abril y aun a la primera decena de mayo. No es fácil evaluar lo que representa este riesgo en cuanto a la producción frutícola anual española; algunos especialistas han llegado a opinar que todos los años se pierde en España por esta causa entre el 20 y el 25 % de la producción potencial. En algunos años (1957, 1967, 1981) estas pérdidas superaron ampliamente las cifras anteriores.

El afán especulativo de la expansión frutícola de los años 50 y 60 agravó aún más este problema; las plantaciones de almendro, de melocotonero y de variedades tempranas de peral en zonas en las que el riesgo de heladas primaverales no se había evaluado correctamente han sufrido daños muy serios y tienen hoy en muchos casos el carácter de marginales. El caso de la variedad de peral *Blanquilla de Aranjuez,* con su amplia expansión en los últimos años 60, es uno de los más significativos.

Ante unos riesgos tan importantes, los fruticultores españoles han intentado todos los métodos de defensa posibles; los primeros ventiladores se montaron en Valencia, para defender los naranjos en 1961 y estufas de gasó-

GRAFICO 12

INSTALACION DE TERMOMETROS DE MINIMA PARA CONTROL DE HELADAS

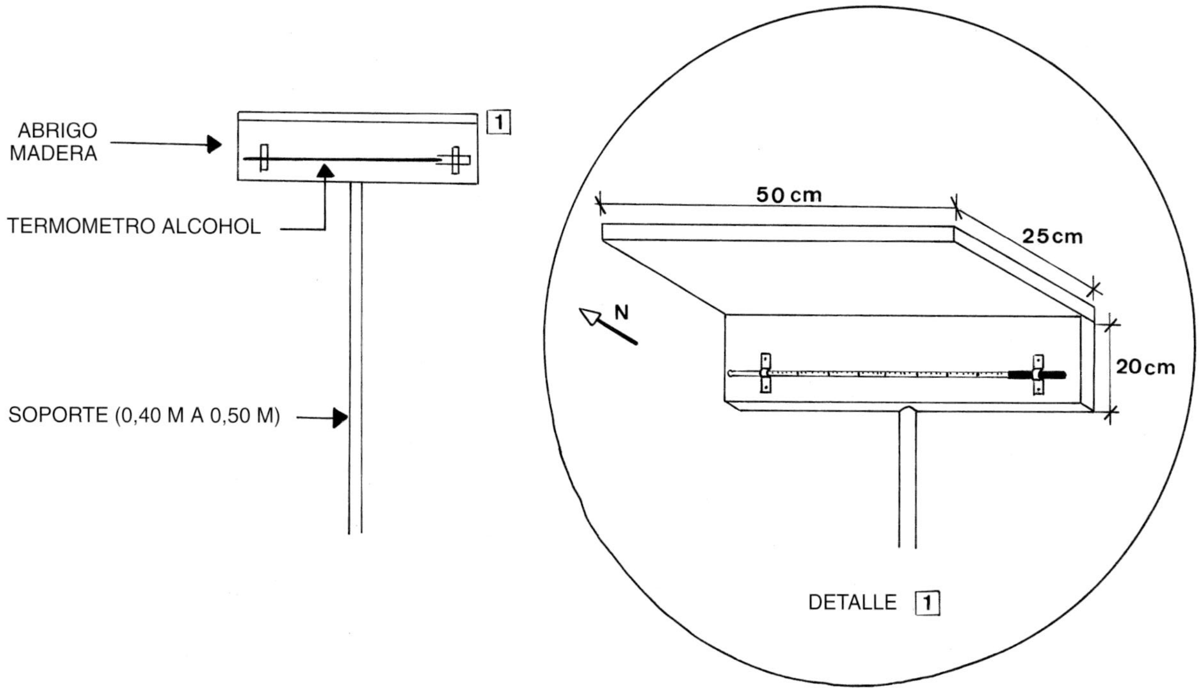

El termómetro de alcohol se coloca horizontalmente en abrigos de este tipo, a alturas variables entre 40 y 150 cm, orientados al norte y evitando la incidencia directa del sol y la acumulación de humedad.

leo y riegos por aspersión se han utilizado y se utilizan todavía ampliamente, si bien ante la subida de precios de los combustibles el empleo de estufas disminuye. En el caso ya citado del peral *Blanquilla de Aranjuez,* el uso de ácido giberélico para mejorar la partenocarpia se ha convertido en una práctica normal agrícola. En cualquier caso, en las nuevas plantaciones el estudio previo de las características del riesgo será indispensable.

La protección contra los daños producidos por ciertos factores climáticos adversos puede realizarse a través de la contratación de un seguro de cosecha. En España, los seguros agrarios se contratan con alguna de las Entidades Aseguradoras incluidas en la Agrupación Española de Entidades Aseguradoras de los Seguros Agrarios Combinados, S.A. (Agroseguro).

El Estado, a través de ENESA (Entidad Estatal de Seguros Agrarios), concede a los agricultores que se aseguran unas subvenciones en forma de porcentajes de primas y regula las condiciones de los seguros.

En la actualidad (1996), los seguros agrarios contra heladas primaverales en España, incluyen las siguientes especies: albaricoque, cereza, ciruela, cítricos, kiwi, manzana, melocotón, pera, uva de mesa, uva de vinificación.

Sin embargo, lo que los fruticultores españoles suscriben es un Seguro Agrario Combinado de riesgos múltiples, que abarca los daños producidos por heladas primaverales, pedrisco y viento huracanado, en estas especies. La subvención de ENESA al pago de las primas, puede alcanzar como máximo el 50 % de su valor.

4

LAS TEMPERATURAS ELEVADAS EN PRIMAVERA

Las especies frutales propias de la zona templada precisan, como ya hemos visto, un período de reposo invernal, cuya medida constituye sus *necesidades de frío,* para completar la diferenciación de las yemas de flor. Una vez cumplido ese reposo, el proceso de la floración parece estar vinculado en gran manera a las condiciones térmicas del período que incluye el final del invierno y el comienzo de la primavera, de tal manera que la época, duración y *calidad* de la floración dependen de los valores termométricos que se produzcan, con independencia de los efectos ya considerados de las heladas primaverales.

Efectos de las temperaturas sobre la floración

El proceso de la floración desde que termina el reposo invernal hasta que se produce la *plena floración* parece estar condicionado por las temperaturas, de tal manera que cada una de las especies y variedades frutales se comporta como si tuviera un intervalo de valores de temperatura, en el que el proceso se desarrolla en forma óptima; este intervalo, en general, va de 6° a 25° C, con óptimos específicos que suelen oscilar entre los 10° y los 20° C. Los valores más bajos parecen frenar la actividad de la floración, mientras que los valores más altos parecen inhibirla. Dentro del intervalo, cada especie y variedad precisa de una determinada acumulación de temperaturas *(necesidades de calor)* para florecer y, por lo tanto, la fecha de floración se producirá pronto si las temperaturas se mantienen altas, y más tarde si son bajas. En ello es determinante que las exigencias de reposo estén cubiertas, ya que, en caso contrario, puede interferirse la acumulación de calor y alterarse sustancialmente las fechas de floración. Los fruticultores conocen por experiencia que cuando el invierno es frío y la primavera templada, la floración se desarrolla de forma óptima.

La duración de la floración (tiempo transcurrido entre la apertura de las primeras flores y la caída de pétalos generalizada), es normalmente de 10 a 25 días, y tiende a acortarse cuando el invierno ha sido frío y las temperaturas de primavera son altas. En estas condiciones, también tienden a disminuir las diferencias intervarietales en cada especie, lo que normalmente conviene al fruticultor. Por el contrario, inviernos suaves y primaveras frías alargan la floración y la hacen más irregular y dispersa, lo que dificulta los tratamientos fitosanitarios e incrementa los riesgos primaverales.

Los niveles de temperatura también influyen en las especies entomófilas; la actividad de las abejas e insectos polinizadores es máxima entre 15° C y 25° C y disminuye seriamente por debajo de 10° C. Dado que el transporte del polen debe producirse normalmente en un plazo que oscila entre dos y seis días, si en este plazo la temperatura es baja, las posibilidades de polinización van a ser mínimas.

La germinación de los granos de polen en los estigmas es también un proceso ligado a las temperaturas, siendo óptimo entre 10° C y 25° C, según especies, y casi nulo por debajo de 5° C o por encima de 25° C. Igual que en el caso anterior, dado el corto plazo de tiempo en el que tiene lugar, su coincidencia con días fríos (t_m < 10° C) o con días muy calurosos (t_m > 20° C), tiene malas consecuencias.

El crecimiento del tubo polínico y la fecundación también se vinculan a las temperaturas, de tal manera que la degeneración de los óvulos se produce entre 48 y 120 horas, plazo que suele ser el que se dispone para que el tubo polínico atraviese el estilo y alcance el ovario. Este *período efectivo de fecundación* es normalmente suficiente a temperaturas entre 15° C y 25° C; pero a temperaturas bajas (t < 10° C) el crecimiento puede ser demasiado lento, de forma que los óvulos pueden haber degenerado antes de que la fecundación tenga lugar. Temperaturas muy altas (t > 30° C) pueden provocar crecimientos irregulares o rupturas del tubo polínico, y también desecaciones de los estilos y acortamientos del período efectivo por degeneración prematura de los óvulos, todo lo cual hace disminuir sensiblemente el porcentaje de frutos realmente fecundados. Este tipo de problemas puede agravarse en variedades de corto *período efectivo de fecundación* (caso de la variedad del peral *Blanquilla de Aranjuez*) y permite explicar el porqué una variedad se considera autoestéril en unas zonas y autofértil en otras, o muy fructíferas en zonas cálidas y muy poco en zonas frías (caso de las manzanas *Delicious* rojas) (Gráfico 13).

En su conjunto, temperaturas entre 15° C y 25° C, con ambiente moderadamente húmedo (60-70% de humedad relativa), soleado y con aire en calma, son probablemente las circunstancias idóneas para el período de floración y días posteriores.

GRAFICO 13

TIEMPO NECESARIO PARA QUE LOS TUBOS POLINICOS DE LAS VARIEDADES DE PERAL *COSCIA* Y *BLANQUILLA* PENETREN HASTA EL OVARIO EN FLORES DE LA VARIEDAD *BLANQUILLA*

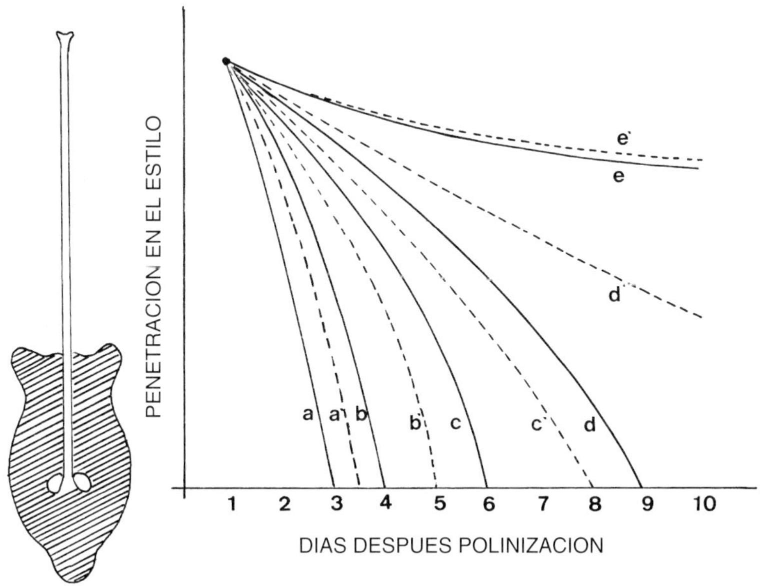

a) Polinización cruzada a 21° C.
a') Autopolinización a 21° C.
b) Polinización cruzada a 16° C.
b') Autopolinización a 16° C.
c) Polinización cruzada a temperaturas laboratorio.
c') Autopolinización a temperaturas laboratorio.
d) Polinización cruzada a temperaturas campo.
d') Autopolinización a temperaturas campo.
e) Polinización cruzada a 5° C.
e') Autopolinización a 5° C.

El tiempo necesario para la penetración completa del tubo polínico de *Coscia* en el pistilo de *Blanquilla* varía entre 3 días a 21° C hasta 9 días a temperaturas de campo. En autopolinización el tiempo varía entre 3,5 días a 21° C hasta la inviabilidad a temperaturas de campo. En consecuencia, la fecundación dependerá de la temperatura, del polen presente y de la duración del período efectivo de fecundación (tiempo durante el cual los óvulos se mantienen viables).

Daños que pueden producirse

Con independencia de los daños que ocasionan las heladas primaverales, ya analizadas en el capítulo anterior, las temperaturas primaverales, sin llegar al nivel de helada, pueden también producir daños, bien por ser más bajas de lo necesario o bien por ser demasiado altas, para lo que requiere el proceso de la floración. En casi ningún caso estos valores afectan a la vegetación, a la que, todo lo más, retrasan cuando la primavera es fría, pero sí lo hacen, y a veces en forma muy importante, a las yemas de flor, cuya apertura, polinización y fecundación alteran e interfieren. Cuando ello se produce, tanto por defecto como por exceso, la consecuencia normal es la disminución del número de frutos formados, lo que se traduce en una reducción de la cosecha. Esto es típico de las zonas o años con primaveras frías o muy cálidas, en las que normalmente no puede esperarse una cosecha equiparable a las zonas o años en los que las temperaturas son las adecuadas para cada especie o variedad.

Temperaturas demasiado altas para lo normal en esta época pueden provocar la aparición de capas de abscisión en el pedúnculo de los frutos recién formados, desecándolos y haciéndoles caer en forma prematura. Este problema puede también producirse en las propias flores antes de la fecundación.

5

TEMPERATURAS ESTIVALES

Incluimos en este apartado el análisis no solamente de las temperaturas producidas durante el verano propiamente dicho, sino también las de finales de primavera y otoño, es decir, las producidas durante todo el período de actividad vegetativa, excepción hecha del período de la floración. Incluye, pues, esta época el crecimiento vegetativo y el desarrollo y recolección de la fruta.

En este tiempo, en las zonas de cultivo frutal no se dan temperaturas por debajo de 0° C; sin embargo, sí pueden producirse temperaturas por debajo y superiores a las incluidas en los intervalos adecuados a cada especie y variedad. En ambos casos pueden producirse daños, y aun sin llegar a esta situación, podemos encontrarnos con problemas de falta de adaptación frutal.

Requerimientos de especies y variedades

En general, puede afirmarse que las especies frutales de zona templada vegetan en intervalos de temperaturas estivales bastantes amplios, si bien sus óptimos de adaptación se producen con temperaturas menos variables. Aunque el grado de adaptación de una especie o variedad depende de múltiples factores, uno de los que se puede emplear es precisamente ese óptimo termométrico, que en cierto modo se puede representar por el valor de la temperatura media del período estival (junio, julio y agosto) y aun mejor por el del período comprendido entre el *cuajado del fruto* (abril) y la *caída de la hoja* (noviembre). Dado que cuando ésta se produce, el crecimiento ha terminado antes, tal vez el mejor valor a considerar en nuestras condiciones sea el correspondiente al período mayo-septiembre, ambos inclusive.

Aunque las diferencias intervarietales pueden ser muy grandes, a nivel de especie, se podría establecer el siguiente cuadro de valores de la temperatura media óptima (ver tabla 7).

TABLA 7

VALORES OPTIMOS DE LAS TEMPERATURAS MEDIAS DURANTE EL PERIODO MAYO-SEPTIEMBRE PARA DIFERENTES ESPECIES

Especie	T_m óptimas (° C) durante el período mayo-septiembre
Manzano	18° a 24° C
Peral	20° a 25° C
Melocotonero	22° a 26° C
Albaricoquero	20° a 24° C
Ciruelo europeo	18° a 20° C
Ciruelo japonés	20° a 24° C
Cerezo dulce	18° a 22° C
Cerezo ácido	16° a 18° C
Almendro	20° a 26° C
Nogal	20° a 22° C
Avellano	18° a 24° C

De todas las especies consideradas, las menos lábiles, en cuanto a este carácter se refiere, serían el *albaricoquero,* que exige claramente un ambiente seco y moderadamente cálido, los *cerezos* y *guindos,* que no soportan calores fuertes, y el *ciruelo europeo,* que tampoco se adapta a ambientes muy cálidos. Las restantes especies muestran en líneas generales mayores intervalos de adaptabilidad.

Duración del período de actividad vegetativa

Para las especies que estamos considerando, el número de días que transcurren entre la *plena floración* y la *madurez* es una característica varietal que se denomina *índice de edad de la fruta* y que se mantiene relativamente constante al cambiar de zona de cultivo dentro de ciertos límites.

Este índice, que constituye la duración del proceso de desarrollo y maduración del fruto, queda englobado en el tiempo, que, a su vez, dura el período de actividad vegetativa; de tal manera que éste *(n)* equivale a la suma del tiempo de aquel *(n')* más el tiempo que dura el proceso brotación-floración *(n'')*, más el tiempo que transcurre desde la recolección a la caída de la hoja *(n''')*. En forma aproximada, puede, pues, considerarse que:

$$n \simeq n' + n'' + n'''$$

El proceso brotación-floración varía en su duración, pero oscila entre 30 y 60 días, de forma que como término medio se puede tomar la cifra de 45 días. En cuanto al período que va desde la recolección al reposo, también hay grandes variaciones, pero su duración mínima no debe ser menos de 30 días para que la maduración de la madera sea suficiente.

La duración del período de actividad vegetativa viene climáticamente condicionada por las fechas medias de la última helada de primavera y las primeras de otoño, de tal manera que aproximadamente puede asimilarse al período medio libre de heladas. En consecuencia, y de la ecuación anterior, puede deducirse que en cada variedad y como mínimo:

$$\textit{Edad de la fruta} \simeq \textit{Período libre de heladas} - 75 \text{ días}$$

El índice de edad de la fruta es hoy un dato conocido para la mayor parte de las variedades importantes (ver tabla 8); en cuanto al *período libre de heladas,* su determinación es fácil por cualquiera de los métodos típicos (EMBERGER, FAO, etc.), por lo que la comprobación del posible cultivo de una variedad en una zona es con estos datos iniciales bastante fácil, partiendo del conocimiento de la duración local del *período libre de heladas* y de la *edad de la fruta* de la variedad que pretendemos cultivar.

TABLA 8

EDAD MEDIA DE LA FRUTA EN DIFERENTES VARIEDADES

Variedades	Número de días entre «plena floración» y recogida (1)
Manzano	
Golden Delicious	145 a 155
Starking Delicious	140 a 150
Red Delicious	140 a 150
Reina de Reinetas	120 a 140
Reineta Blanca	150 a 160
Belleza de Roma	160 a 165
Stayman Winesap	160 a 180
Jonathan	140 a 145
Mac Intosh	125 a 130
Peral	
William's	115 a 125
Mantecosa Hardy	135 a 140
Conferencia	145 a 155
Decana del Congreso	160 a 170
Passa Crassana	180 a 200

(1) Datos a confirmar en cada área de cultivo frutal.

Efectos producidos por las bajas temperaturas estivales

Como ya hemos indicado, durante el período estival en las zonas frutícolas no se dan temperaturas por debajo de 0° C; sin embargo, sí ocurre en algunas ocasiones que en verano las temperaturas sean más bajas de lo normal y que a veces se den períodos de varios días anormalmente frescos. En estos casos la consecuencia más grave suele ser la pérdida de tamaño de los frutos con disminución de su valor comercial, a lo que en ocasiones se añade retraso en las fechas de maduración y un menor desarrollo vegetativo.

Una situación frecuente de incidencia de temperaturas bajas puede producirse a principios de otoño, a veces llegando a temperaturas de helada. Si se trata de variedades ya recolectadas, estas temperaturas pueden afectar a la vegetación, acelerando la parada otoñal, la entrada en reposo y produciendo daños en ramos jóvenes, aún no bien lignificados; pero si la fruta está todavía en el árbol, la helada puede dañar a los frutos en forma epidérmica cuando es ligera, y hasta provocando su caída en casos extremos.

Efectos producidos por altas temperaturas estivales

Es un problema mucho más frecuente que el anterior. Cuando las temperaturas durante el período vegetativo superan los 30-35° C en ambientes normalmente secos y con altas insolaciones, el árbol puede resultar afectado en su actividad, en su vegetación o en sus frutos, siendo a veces los daños muy importantes.

El primer síntoma, aunque difícilmente apreciable a simple vista, de que las temperaturas son excesivas es una disminución de la actividad fotosintética, la cual tiene lugar en un intervalo específico de temperaturas, por encima del cual su intensidad desciende apreciablemente. Si el calor aumenta, puede superarse también el umbral máximo del intervalo adecuado para el crecimiento, provocándose entonces la *parada vegetativa de verano* típica en climas templados a partir de 32 a 36° C. Temperaturas aún más altas, ocasionadas por *olas de calor,* originan el *asurado* de hojas y brotes, que, por deshidratación, pierden el agua de sus tejidos, se marchitan, *atabacan* y necrosan, con lo que los árboles se defolian temporalmente, volviendo a brotar cuando el ambiente refresca, pero debilitándose por pérdida de reservas en ese proceso. El *asurado* o *golpe de sol* también puede provocarse por excesiva insolación o ambiente muy seco, bien como factores aislados o bien combinados con altas temperaturas.

Los fuertes calores estivales, sobre todo cuando son continuos y en momentos próximos a la recolección, resultan desfavorables para la coloración de los frutos; la formación de pigmentos en éstos precisa un cierto con-

Foto 5.1.–*Asurado* producido por altas temperaturas, ambiente seco e insolación excesiva en peral.

traste de temperaturas entre el día y la noche, siendo convenientes temperaturas altas durante el día y moderadas durante la noche. Si la noche es también cálida, los pigmentos se destruyen y el fruto no alcanza su color típico, quedando desvaído o demasiado oscuro (rojo vinoso).

Los frutos, sobre todo a partir del *envero,* son los elementos del árbol más sensibles a valores excesivos de la temperatura. Por encima de 35° C, y más aún si se superan los 40° C, es frecuente el ablandamiento y oscurecimiento de la parte interna del fruto, que a veces llega hasta producir huecos en el mesocarpio *(ojos).* En otros casos, el calor y la insolación provocan conjuntamente lesiones epidérmicas en forma de manchas y llagas, que se suberifican o necrosan en casos extremos, depreciando la fruta. En cualquier caso, los *golpes de calor,* aunque no lleguen a producir lesiones, influyen en la fisiología de los frutos, alterando su capacidad de conservación frigorífica. Cuando estos *golpes de calor* coinciden con la maduración provocan también con frecuencia caídas masivas de fruta, por formación precoz de la capa de abscisión en los pedúnculos.

Foto 5.2.–*Asurado* intenso en peral.

Indices climáticos utilizables

En el análisis de los posibles efectos de las temperaturas estivales en una zona determinada, sobre el cultivo frutal, parece claro que los dos primeros índices a determinar serán, de acuerdo con lo expuesto, la temperatura media del período *plena floración*-parada otoño (mayo-septiembre) y la duración del período medio libre de heladas.

Por otra parte, para determinar los posibles daños por exceso de calor, los mejores índices son las temperaturas máximas absolutas, su fecha y frecuencia y las temperaturas medias de las máximas durante el período vegetativo. En caso de disponer de datos diarios, es conveniente también el detectar si son o no frecuentes los *golpes de calor,* con temperaturas por encima de 36-38° C durante períodos de dos o tres días, y de producirse, en qué época ocurren.

Los posibles problemas ocasionados por falta de calor obligarían también a conocer las temperaturas mínimas absolutas y las medias de las mínimas durante la actividad vegetativa. Estos datos son particularmente importantes en el mes de mayo y, sobre todo, a partir de septiembre, ya de cara al otoño.

Foto 5.3.–Detalle de la defoliación producida después del *asurado*.

Las temperaturas estivales en España

En muchas zonas frutícolas españolas se dan con frecuencia altas temperaturas durante el verano, que originan problemas del tipo de los descritos; esto ocurre casi normalmente en la zona meridional (Andalucía, Extremadura, Murcia, Meseta Sur), pero también se producen casos claros en la Meseta Norte, Aragón y áreas mediterráneas.

Casi todas las variedades de otoño de peral, propias de zonas templado-húmedas, muestran *paradas de verano* muy acusadas en áreas como el valle del Ebro, Levante y Extremadura, lo que se traduce en peor calidad de la fruta (más granulosa) y menor resistencia a la conservación. El problema es muy marcado en la *Passa Crassana,* en la que se dan con frecuencia las consecuencias comentadas. También el manzano muestra en el sur de España síntomas claros de sensibilidad al calor, con *paradas vegetativas* y defoliaciones por *asurados,* que se convierten en el principal factor limitante en la expansión meridional de su cultivo. El *asurado* es también frecuente en la pera *Conferencia,* que algunos años se defolia hasta tres veces por esta causa.

Colores rojo-vinosos casi negros se producen en ocasiones en las variedades *Delicious* rojas cultivadas en Andalucía y Extremadura, siendo más marcado el problema en los tipos *spurs* (Starkrimson, Wellspur, etc.). Ablandamientos de la carne se observan en melocotones, albaricoques y ciruelas, así como consistencia *harinosa* y granulosa en manzanas y peras después de veranos cálidos en muchas zonas; sobremaduración y caídas de fruta son también frecuentes después de *golpes de calor* en el cultivo de variedades tempranas *(Limonera, Moretini y Buena Luisa)* y extratempranas *(San Juan, Giffard, Leonardeta)* de peral. Los meses de julio y agosto, sobre todo el primero, son particularmente calurosos, generando siempre problemas en la producción frutal.

En otras zonas, el problema es de clara falta de calor. Toda la zona cantábrica y el alto Valle del Ebro (Rioja, Navarra) tienen muchos años maduraciones atrasadas y falta de tamaño en los frutos (melocotón, ciruela, pera) de junio y julio, por falta de temperatura. En estas regiones el cultivo de frutas tempranas no tiene posibilidad alguna.

6

PLUVIOMETRIA E HIGROMETRIA

Todas las especies frutales precisan para mantener su desarrollo vegetativo normal y una óptima producción de fruta disponer en el suelo de un adecuado nivel de humedad. El agua necesaria para mantener este nivel procede, en general, de las lluvias, que se convierten en consecuencia en un factor climático clave para el desarrollo y la producción de los frutales.

Si la disponibilidad de agua en el suelo no es suficiente, el crecimiento vegetativo se resiente por la menor intensidad de la fotosíntesis ante la falta de agua, y por el acortamiento del período de crecimiento activo, ya que la *parada de verano* puede producirse no solamente por superarse el umbral máximo de temperaturas, sino también por la sequía. En estas condiciones, el desarrollo de los árboles es menor, y en casos extremos la falta de agua puede convertirse en limitante, y el árbol, morir, si no se riega.

En las mismas circunstancias, la producción de fruta se ve limitada en su cantidad, en primer lugar, al disponerse de menor número de yemas florales; además el proceso de inducción floral también queda afectado en su rendimiento por la escasez de agua y, por último, los frutos formados alcanzan menor tamaño y peso. Por otra parte, también la calidad de la fruta empeora en general, ya que la sequía afecta al color, aspecto y composición del fruto.

Los efectos de la lluvia en estas limitaciones dependen no solamente de la cantidad absoluta de precipitación anual, sino también, en gran forma, de su distribución. En la zona templada la precipitación total varía ampliamente entre cifras tan dispares como 200 mm y 1.500 mm anuales, y por encima de 700 mm/año podrían considerarse satisfechas las necesidades de gran parte de las especies frutales.

Foto 6.1.–Intenso proceso de *russeting* en peral.

Foto 6.2.–Peras *Packam's Triumph* con *russeting* total.

Sin embargo, una característica común a esta zona templada es la existencia de un período anual de sequía más o menos largo (entre 30 y 180 días), debido a las irregularidades de distribución, que obliga, aun en áreas de altas pluviometrías, a regar, como único medio de salvar este período.

Necesidades de especies y variedades

Según las diferentes especies, variedades y portainjertos, que en cada caso podemos considerar, las necesidades hídricas son tremendamente variables. En general, como las necesidades de los frutos incrementan el agua necesaria para el desarrollo vegetativo, las especies y variedades de maduración temprana son menos exigentes que las de maduración tardía, disminuyendo claramente las necesidades de agua, siempre después de la recolección. En función de estas necesidades específicas, en cada zona frutícola algunos frutales pueden vegetar y producir una cosecha aceptable, aprovechando exclusivamente el agua de lluvia, lo que se denomina *cultivo de secano;* otros frutales en la misma situación no son capaces de producir una cosecha comercial en cantidad y calidad y, a veces, ni siquiera de sobrevivir sin aportaciones suplementarias de agua, denominándose en este caso *cultivo de regadío.* Aunque esta alternativa es muy aleatoria, podríamos establecer la clasificación siguiente, en zona templada, con una pluviometría media de unos 500 mm (tabla 9).

TABLA 9

GRUPOS DE ESPECIES (zona templada, con 500 mm. de lluvia)

A. Resistentes a la sequía que pueden cultivarse en secano	**B. Menos resistencia a la sequía, para las que se recomiendan un riego de apoyo**	**C. Sensibles a la sequía, que precisan riego con carácter imprescindible**
Olivo para aceite	Olivo de *verdeo*	Agrios en general
Viñedo de vinificación	Uva de mesa	Manzano s/patrones de medio vigor
Almendro	Manzano s/franco	
Higuera	Manzano s/patrones vigorosos	Manzano s/patrones débiles
Pistacho	Peral s/franco	Peral s/membrillero
Albaricoquero	Melocotonero (tipos tempranos)	Melocotonero
Cerezo s/Santa Lucía	Ciruelo (tipos tempranos)	Ciruelo
Alcaparro	Cerezo s/P. avium	Avellano
	Cerezo s/P. cerasus	Actinidia
	Nogal	Frambueso
	Granado	Grosellero
	Níspero	Arándano

Las divisiones A, B y C fueron inicialmente establecidas por Rebour (1961), si bien su constitución la hemos posteriormente complementado en base a la experiencia actual. En la práctica, las especies incluidas en cada grupo se comportan y producen más y mejor si se les aporta agua de riego en buenas condiciones técnicas; en consecuencia, el que una especie figure en el grupo A o B quiere decir que puede cultivarse en esas condiciones, aunque indudablemente *siempre en cultivo frutal es preferible eliminar con el riego el factor limitante o condicionante en el mejor de los casos que constituye la sequía.*

Dentro de cada grupo, las necesidades de agua de riego son muy variables. Así, en el grupo C, donde las diferencias son más significativas, los agrios pueden precisar entre 10.000 y 12.000 m^3/hectárea de agua y año, lo que con una pluviometría de 5.000 m^3/hectárea y año obliga a realizar una aportación en riego de 5.000 a 7.000 m^3/hectárea y año. En contraste con este dato, el manzano sobre patrón débil y el peral/membrillero precisarían del orden de 8.000 m^3/hectárea y año (3.000 m^3/hectárea y año de aportación del riego), y el melocotonero y ciruelo no precisarían más de 6.000 a 7.000 m^3/hectárea y año, de los que serían 1.000 a 2.000 m^3/hectárea y año de riego.

Para la situación descrita, las especies incluidas en el grupo B precisarían normalmente entre 1.000 y 3.000 m^3 de agua de riego por hectárea y año.

Daños causados por lluvias ocasionales

Con independencia de su consideración de factor limitante o condicionante en base a su valor total anual y a su distribución, lluvias ocasionales producidas en momentos críticos pueden causar serios problemas en plantaciones frutales.

Uno de los casos más frecuentes es el originado por lluvias coincidentes con la floración. Dado que ésta dura normalmente pocos días, si se produce la coincidencia con un período lluvioso continuado, aunque no sea demasiado intenso, la polinización se ve seriamente comprometida y, como consecuencia, también la fecundación. Todo ello es debido a una acumulación de efectos, tales como:

- *a)* Falta de actividad de abejas e insectos, que no vuelan en tiempo húmedo y lluvioso.
- *b)* Arrastre del polen al suelo por el agua.
- *c)* Lavado de los granos de polen de los estigmas antes de que germinen.
- *d)* Efecto de disminución de la temperatura, que hace más lento y difícil el proceso.
- *e)* Destrucción mecánica de las flores por lluvias intensas.

Como polinización y fecundación son fases del proceso de floración que duran en muchos frutales de tres a cinco días, a veces períodos de lluvia, por otro lado normales en primavera, de dos o tres días pueden bastar para comprometer la cosecha, aun después de una buena floración.

El *agrietado* de los frutos es otro problema típico originado por las lluvias. Cuando la fruta está próxima a su madurez, lluvias después de un período de sequía provocan una absorción intensa del agua, bien radicular o bien por vía epidérmica, que se acumula en los frutos. Si la epidermis no es suficientemente elástica, se producen grietas casi siempre próximas a la fosa calicina, con extravasaciones de líquidos del fruto sobre los que se desarrollan hongos saprófitos, estropeándose en consecuencia aquéllos. Aunque el problema depende de la permeabilidad de la epidermis y de su elasticidad, y por ello es una característica varietal, especies como el manzano, el cerezo, el albaricoquero, la higuera y, en menor escala, ciruelo y peral muestran marcada sensibilidad.

En algunas ocasiones, las grietas son muy aparentes, con tamaño hasta de un centímetro y superiores, con lo que el fruto queda totalmente depreciado, produciéndose a veces hasta caídas de los frutos afectados; ello es particularmente frecuente en albaricoquero. En otros casos, durante períodos largos de lluvias o en zonas húmedas se forman en la epidermis de los frutos grietas microscópicas muy numerosas, que se suberifican posteriormente, cicatrizando sin más daños, pero formándose unas manchas acorchadas en la zona de la fosa calicina, y a veces en todo el fruto, que da a la epidermis de éste el aspecto de *piel de patata.* Este aspecto se conoce en fruticultura como frutos con *russeting;* la lesión epidérmica no profundiza en el mesocarpio del fruto, con lo que el problema sólo afecta a la presentación del fruto y no a su calidad. Esto hace que en ciertas variedades, muy sensibles, y en mercados de zonas húmedas, no se le dé gran importancia, mientras que en zonas secas y soleadas no acostumbradas a este aspecto de la fruta ésta se deprecie considerablemente. (Fotos 6.1 y 6.2).

Desde el punto de vista climático, el *russeting* se relaciona, como hemos indicado, con ambientes húmedos y períodos lluviosos durante el desarrollo del fruto. Otras causas que pueden provocar este efecto son las heladas ligeras en las primeras fases de este desarrollo, la causticidad de algunos productos químicos empleados en los tratamientos fitosanitarios (azufre, carbamatos, etc.) y algunas enfermedades de tipo virótico o carencias.

Lluvias de cierta consideración, sobre todo si se producen próximas a la *madurez,* pueden provocar serias caídas de fruta, acelerando la formación de la *capa de abscisión* en el pedúnculo de los frutos. El fenómeno es particularmente peligroso en variedades de frutos grandes y de madurez tardía (septiembre, octubre), al coincidir su madurez con lluvias probables.

El nivel de humedad ambiental, cualquiera que sea su origen (lluvias, nieblas, masas de agua próximas, etc.) tiene una particular incidencia en la propagación e intensidad de enfermedades criptogámicas, bacterianas y de diversas plagas. En zonas o períodos húmedos, los hongos se convierten en un muy importante factor de producción a controlar, y la defensa anticriptogámica en un aspecto clave del costo de producción. En plantaciones en estas condiciones el calendario de defensa puede alcanzar hasta 18 tratamientos anuales, en los que la presencia de uno o varios productos antifúngicos es necesaria. Por el contrario, en zonas o períodos secos, las enfermedades criptogámicas y bacterianas pueden perder gran parte de su importancia, mientras que los ataques de ácaros pueden llegar a convertirse en el primer problema fitosanitario. En líneas generales, la evolución del nivel de humedad relativa y el régimen de las precipitaciones son datos básicos en el estudio de las fechas de posible aparición de plagas y enfermedades y de su intensidad.

Aunque los problemas de *asfixia radicular* están también muy vinculados a las características edafológicas del suelo, lluvias importantes tanto en invierno como en el período de actividad vegetativa pueden causar serios daños en las plantaciones por esta razón. En general, durante el reposo invernal, la resistencia radicular a la asfixia es variable, según las especies (de 40 a 120 días en régimen de encharcamiento), pero lo suficientemente larga como para que si hay problemas sean debidos más a defectos del suelo en cuanto a su permeabilidad, que a la cuantía de las lluvias. Sin embargo, en verano, 10 días en condiciones de encharcamiento pueden ser suficientes para dañar el sistema radicular absorbente, y esta situación puede producirse fácilmente en alguna área frutícola, con lluvias ocasionales.

Indices climáticos a considerar

Para realizar un buen estudio pluviométrico, lo mejor sería partir de los datos correspondientes a precipitaciones diarias, incluyendo el número de horas de lluvia y la cantidad caída en una hora. Estos datos no son frecuentes en un estudio climático normal y la mayoría de las veces tenemos que conformarnos con la pluviometría mensual y con la precipitación máxima de 24 horas; también se suele disponer de datos del número de días de lluvia mensual. A partir, pues, de estos datos, se pueden calcular para el período que estamos considerando las precipitaciones máximas, mínimas y medias mensuales, así como las de las épocas concretas (otoño, reposo invernal, período de floración, actividad vegetativa, etc.) y las totales anuales, lo cual suele bastar para realizar los diagramas ombrotérmicos, para fijar el período de sequía y para calcular las necesidades totales de agua de riego.

El establecimiento de los calendarios, fechas y dosis de los riegos es un paso más avanzado para el que convendría conocer las precipitaciones medias por quincenas y aun por decenas.

En cuanto a los posibles efectos de las lluvias sobre la floración o sobre el agrietado de frutos, es imprescindible conocer la cuantía y probabilidad de éstas en los períodos correspondientes *botón rosa*-cuajado y envero-madurez; para ello es claramente necesario tener los datos de fechas medias de los citados estados fenológicos, lo que no es fácil cuando se trata de plantaciones nuevas. En este caso está claro que hay que formar opinión con datos aproximados; y que el análisis del régimen pluviométrico primaveral es básico.

Las caídas de fruta y los problemas de asfixia radicular están normalmente relacionados con lluvias importantes en períodos cortos de tiempo. Resulta evidente entonces la importancia de los datos de lluvias máximas en 24 horas, y, si disponemos de datos diarios, el estudio de éstos para encontrar intervalos de dos-tres días con precipitación alta.

Los problemas de *russeting* y la evolución de plagas y enfermedades criptogámicas dependen más del nivel de humedad relativa que del propio régimen pluviométrico. En estos casos los datos de humedad relativa media son muy poco representativos siendo imprescindible el disponer de bandas de termógrafo que nos permitan en cada época conocer los niveles de humedad y su evolución, así como la incidencia de nieblas y días nubosos o cubiertos.

Problemas planteados por la pluviometría en España

En la mayor parte de las zonas frutícolas españolas, el régimen pluviométrico se caracteriza por su irregularidad y escasa cuantía. Así, salvo la zona cantábrica, que tiene precipitaciones variables entre 800 y 1.600 mm/año, el resto de las regiones mantiene una pluviometría media anual, que raras veces supera los 800 mm y que desciende en muchas áreas meridionales hasta los 200/300 mm/año. La tabla 10 da las precipitaciones medias por zonas frutícolas.

TABLA 10

PLUVIOMETRIA MEDIA ANUAL EN DIVERSAS REGIONES FRUTICOLAS ESPAÑOLAS

Región	Pluviometría media anual	Período de sequía (precipitación < 100 mm)
Galicia (zona costera)	800-1.200 mm	De 30 a 40 días
Galicia (interior)	800 mm	De 40 a 60 días
Asturias	800-1.200 mm	De 30 a 40 días
Rioja-Navarra	400-800 mm	De 70 a 90 días
Aragón (valle del Ebro)	300-400 mm	De 100 a 120 días
Lérida	350-500 mm	De 60 a 90 días
Cataluña (zona costera)	600-800 mm	De 60 a 90 días
Levante	350-450 mm	Más de 100 días
Murcia	300 mm	Más de 100 días
Andalucía Oriental (costa)	200-400 mm	200 días
Andalucía Occidental (costa)	450-550 mm	De 100 a 150 días
Andalucía (interior)	400-600 mm	De 120 a 180 días
Extremadura	500-600 mm	De 100 a 150 días
La Mancha	400 mm	De 100 a 150 días
La Meseta	400-600 mm	De 100 a 150 días
Islas Canarias	200-300 mm	200 días

GRAFICO 14

MAPA PLUVIOMETRICO DE ESPAÑA

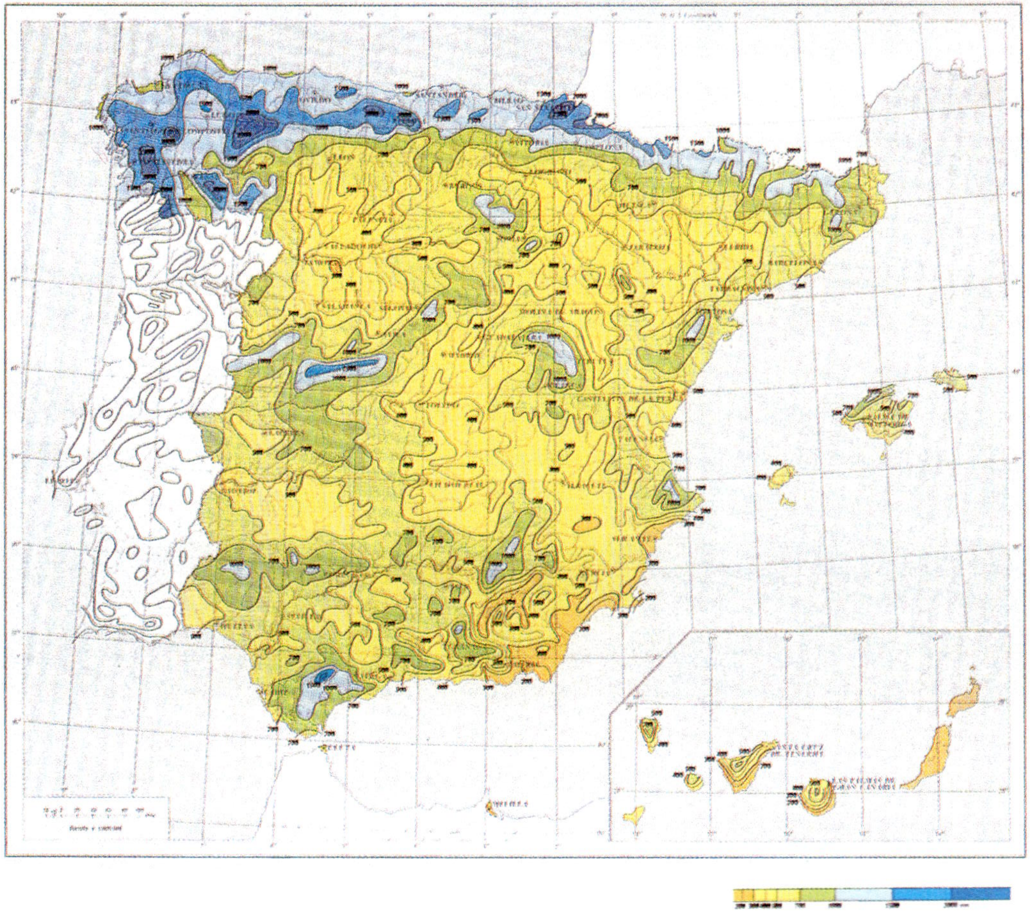

Aun siendo un grave problema agronómico y frutícola, la escasez de precipitaciones y su irregularidad, aún lo es mayor la existencia e importancia del *período de sequía* en verano, ocasionado por la mala distribución de las lluvias. La duración de este período y la intensidad del déficit hídrico es muy variable, pudiendo oscilar entre 250 días en el Sureste y 120 días en la Meseta Central. Aun en la zona cantábrica (Galicia y Asturias) se dan con frecuencia períodos secos en julio y agosto, que alcanzan una duración del orden de 40 días y que comprometen el desarrollo de la fruta. Todo ello hace que, salvo casos muy excepcionales (olivo, vid, almendro), en general en España, el cultivo frutal intensivo no puede concebirse sin riego, aunque éste lo sea simplemente de apoyo; y convierten a la cuantía de la precipitación en uno de los factores climáticos que más condiciona el cultivo frutal en nuestro país.

Con independencia de este aspecto condicionante del sistema de cultivo, los efectos ocasionales de las lluvias también se ponen de manifiesto con frecuencia. Las lluvias primaverales ocasionan en floración problemas relativamente frecuentes en muchas áreas (Sevilla, Valle del Jerte, Badajoz), pero son de particular importancia en Galicia y Asturias, donde su incidencia es tan grave que en zonas donde no suelen producirse heladas primaverales sus efectos son tan condicionantes como los de éstas. En general, en la región cantábrica las condiciones de la época de floración son francamente malas, con lluvias frecuentes, humedad alta y temperaturas bajas; por lo que el cultivo frutal en ella exige variedades adaptadas, alto porcentaje de polinizadores y todas las precauciones que podamos tomar para facilitar la fecundación.

El *agrietado* de frutas es otra consecuencia de las lluvias, que puede observarse con cierta frecuencia en España. En Murcia, en la recolección del albaricoque Bulida, es fácil apreciar los daños, algunas veces muy severos, si ha llovido a finales de mayo 10 ó 15 días antes de la madurez. De la misma manera, en el Valle del Jerte (Cáceres), ocurre algo similar con la cereza si mayo es lluvioso; y algunos años se pierde por esta razón una parte sustancial de la cosecha.

Casi toda la producción de pera y manzana en Asturias y Galicia muestra *russeting* como consecuencia de la alta humedad; y la manzana Golden se ofrece en los mercados *limpia* o *manchada,* debido esto último al mismo *russeting*.

Las caídas de frutos son particularmente frecuentes a fines de verano y en otoño, como consecuencia de lluvias en recolección; esto afecta especialmente a la manzana y pera tardía, a partir del mes de septiembre. Albaricoque, melocotón, ciruela y cereza también se ven afectados ocasionalmente en diversas zonas y épocas.

La defensa fitosanitaria también queda condicionada por las lluvias y la humedad. En general, la zona norte sufre intensos ataques de criptógamas (moteado, etc.), lo que obliga a emplear productos anticriptogámicos en todos los tratamientos a lo largo del período vegetativo, y a incrementar la frecuencia de los mismos. En el Sur (Andalucía, Extremadura, etc.) los problemas de criptogamas disminuyen a partir de junio, intensificándose a cambio los ataques de ácaros (araña roja, piojo de San José). El grado de condicionamiento es tan grande que obliga a plantear calendarios de tratamientos específicos en cada región frutícola, en razón a las condiciones de lluvia, temperatura y humedad.

7

INSOLACION

Como ocurre con los restantes factores climáticos, las especies frutales de zona templada vegetan y fructifican adecuadamente en un relativamente amplio intervalo específico de valores de la insolación. Fuera de este intervalo, la baja insolación o el exceso de insolación ocasionan efectos casi siempre negativos en los árboles.

La insolación incide claramente en la fotosíntesis, y, a través de ésta, en el crecimiento vegetativo, en la inducción floral y en el tamaño, color y composición de los frutos, condicionando en consecuencia la cuantía y calidad de la cosecha. Los requerimientos de especies y variedades son muy variables en cuanto al nivel de la insolación recibida, dependiendo también de la época del año que consideremos; pero, en general, hay que considerar que los frutales son exigentes en insolación, y que crecen y producen mejor en climas soleados y luminosos que en condiciones bajas de iluminación o en umbrías.

Efectos producidos por insolaciones bajas

Cuando el nivel de insolación es bajo, para los requerimientos específicos de un frutal, la primera consecuencia negativa es la clara disminución del crecimiento vegetativo, tanto en lo que se refiere al número y la longitud de los brotes, como en cuanto al tamaño de las hojas; lo que origina un menor desarrollo del árbol y una menor intensidad en la actividad fotosintética. Este efecto se produce en el árbol en su conjunto (casos de árboles cultivados en zonas de baja insolación, o casos de árboles sombreados accidentalmente), y también en partes de cada árbol (el crecimiento más intenso se produce en la parte alta y exterior de la copa); provocándose así la tendencia natural en los

GRAFICO 15

DEGENERACION DE LA COPA POR FALTA DE INSOLACION

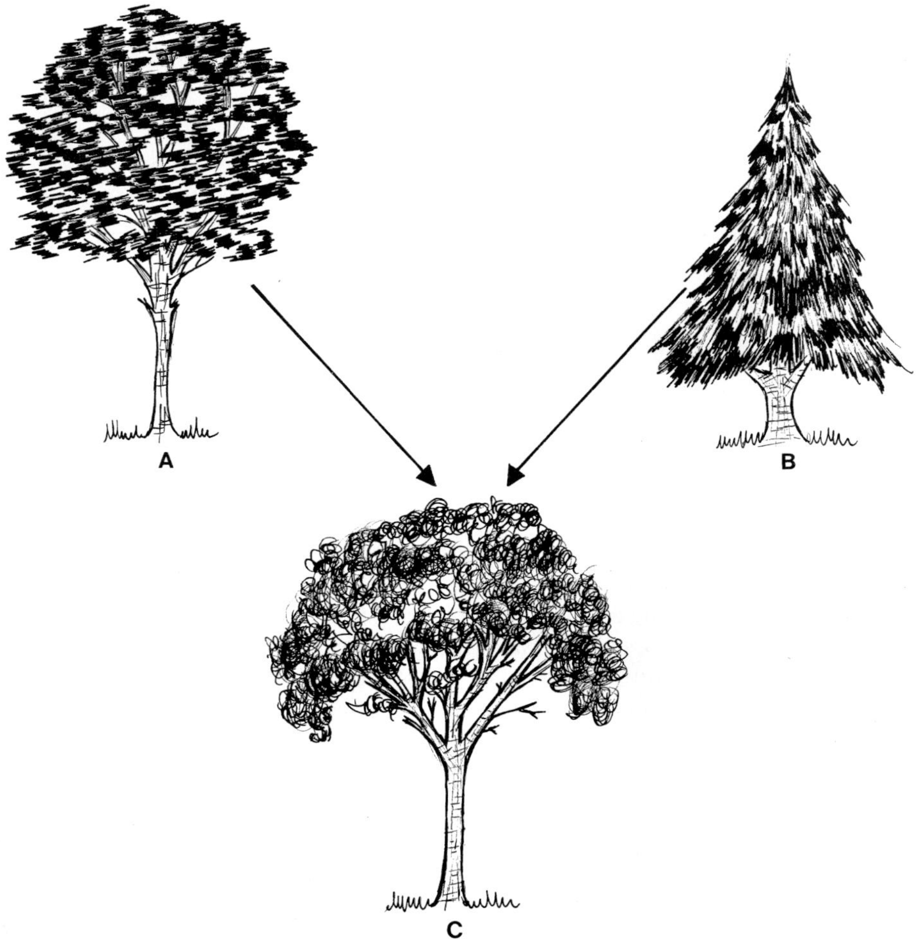

Copas jóvenes globosas (A) o piramidales (B) tienden a degenerar al envejecer en formas aparasoladas (C) por falta de renovación vegetativa interna al ser defectuosa la iluminación e insolación en el centro de la copa.

árboles a formar copas aparasoladas al envejecer, por falta de renovación vegetativa en la zona interna sombreada.

La falta de luz afecta también a la inducción y diferenciación floral, en razón al bajo nivel de carbohidratos acumulados, y a la propia floración y fructificación posterior. Ello se aprecia en el interior de la copa, donde normalmente hay menos cosecha, y en la productividad de las plantaciones normalmente mayor en zonas soleadas, que en las de poca luminosidad. Este hecho también tiene relación con el menor tamaño de los frutos que se obtienen en estas zonas.

Las cosechas producidas en áreas de insolación baja adolecen frecuentemente de falta de color en la fruta, debido a la débil formación de pigmentos por falta de luz. En estas condiciones es preferible siempre el cultivo de variedades de color verde o amarillo, antes que las de color rojo, que rara vez alcanzan su coloración propia.

La falta de insolación ha condicionado desde siempre el tipo de poda aplicado a los árboles frutales. El cultivo en formas planas (palmetas, espalderas, etc.) nació en zonas poco soleadas, como una forma de aprovechar al máximo la insolación y la luz (Francia, Norte de Italia); y hoy en todos los sistemas de poda, se considera un criterio de bondad de la misma el que la luz y el sol puedan penetrar en todo el volumen de la copa (ventajas de las formas lobuladas sobre las esféricas).

Efectos producidos por exceso de insolación

Cuando la insolación supera ciertos límites, lo normal es que se produzcan daños en el árbol, que pueden afectar a diversos elementos del mismo, básicamerte frutos, vegetación y aun a la madera de ramas y tronco. Como es lógico, los excesos de insolación coinciden casi siempre con elevadas temperaturas y ambiente seco, lo que superpone los efectos de estos factores, agravando los problemas.

En los frutos, niveles altos, aunque no excesivos, de insolación, pueden destruir los pigmentos oscureciendo la coloración del mismo. De esta forma, frutos rojos tienden a tomar un color rojo oscuro, casi negro, lo que los deprecia. Una insolación aún más intensa forma *chapa de color* en la cara soleada de los frutos expuestos, que puede degenerar en una auténtica quemadura ulcerosa que los estropea totalmente. Este problema, aunque puede producirse en cualquier tipo de fruta, es particularmente frecuente en manzanas, peras y ciruelas, sobre todo en variedades de poco color.

Los daños en la vegetación se producen por marchitez, desecación y necrosis de las hojas y brotes, defoliándose a continuación el árbol. Esto es el *asurado, golpe de sol* o *golpe de calor,* que puede estar originado por fuerte insolación, y también por altas temperaturas, ambientes muy secos, vientos tórridos o por todas estas causas a la vez. Es frecuente observarlo en manzanos, perales y ciruelos; y cuando se produce asiduamente es un claro síntoma de mala adaptación varietal.

Sobre la madera, las quemaduras del sol son marcadamente peligrosas. Aparecen en las ramas más gruesas o en el tronco, sobre todo cuando por alguna razón ocasional (podas muy fuertes, sobreinjertado, etc.) quedan al sol

Foto 7.1–Degeneración de la copa de un manzano viejo, hacia formas más aparasoladas, por falta de iluminación en la cruz del árbol.

partes de la estructura del árbol que estaban sombreadas. Casi siempre se forman grandes ulceraciones dispersas, de bordes irregulares, a veces muy profundas, llegando hasta el leño y de muy difícil cicatrización, parecidas a las heridas causadas por heladas invernales, pero situadas en la cara del árbol, orientada a Mediodía. Su tratamiento es difícil, pero análogo al ya descrito en las heridas causadas por el frío.

En plantaciones jóvenes realizadas en zonas cálidas con planta procedente de vivero, la insolación puede afectar a los troncos poco protegidos de los árboles no acostumbrados al sol. En estos casos, los daños pueden ser mortales para la joven planta.

Para evitar los efectos del sol es evidente que la mejor solución consiste en mantener sombreada la estructura mediante podas adecuadas, evitando todas las prácticas que puedan poner las maderas al descubierto. En el caso comentado de las nuevas plantaciones, los troncos pueden sombrearse con ramas de arbustos locales atadas alrededor; o con bandas en forma de muelle, de lámina de aluminio enrolladas igualmente alrededor del tronco. Estas bandas van perforadas para no agobiar al tronco y tiene la ventaja de su permanencia y elasti-

Foto 7.2.–Encalado de un tronco en un manzano realizado como medida profiláctica y al mismo tiempo para evitar los daños por insolación.

cidad, que facilita su colocación y conservación frente al inconveniente de su precio, que las hace prohibitivas para plantas que no sean de alto valor. (Foto7.3).

Una práctica tradicional pero altamente eficaz, es el *encalado* del tronco para evitar los problemas de insolación excesiva. La operación, siempre que se haga con lechada de cal, bien apagada, puede hacerse en madera joven o en troncos y ramas viejas, en las que aparte de proteger del sol, absorbiendo gran parte de la radiación, sirve de medida profiláctica de larvas y formas invernantes de plagas y enfermedades. El sistema es relativamente barato y efectivo, aunque tiene el inconveniente de su poca persistencia en caso de lluvias posteriores, lo que obliga a repetir la operación.

Indices climáticos a utilizar

La radiación neta diaria es el mejor índice representativo que puede utilizarse para medir la insolación. Sin embargo, no es fácil disponer de este dato en todos los observatorios, y en su lugar cabe considerar las horas de sol diarias, unidas a las temperaturas máximas y al grado higrométrico. El número mensual de días despejados, nubosos y cubiertos, es también un índice a tener en cuenta.

Problemas ocasionados por la insolación en España

Aunque en algunas zonas se producen en nuestro país problemas debidos a la falta de insolación, son mucho más frecuentes los ocasionados por altas insolaciones, sobre todo en Extremadura, Andalucía, Meseta Sur y Levante.

Coloraciones excesivamente oscuras son frecuentes en las manzanas Delicious, cultivadas en áreas meridionales de nuestro país; igualmente se aprecian a menudo quemaduras intensas en manzanas y peras, no sólo en esas áreas, sino incluso en Aragón y Rioja, sobre todo en plantaciones jóvenes todavía con poca vegetación y en las podadas en formas planas (palmetas y espalderas). Este problema puede llegar a ser tan importante que para evitarlo son más recomendables en estas zonas las formas en seto que las formas planas.

Las quemaduras en la madera son frecuentes en el olivar andaluz, como consecuencia de la práctica de *fraileo* de las patas del olivo que dejan al des-

GRAFICO 16

MEJOR RENOVACION ANUAL EN LAS FORMAS LOBULADAS

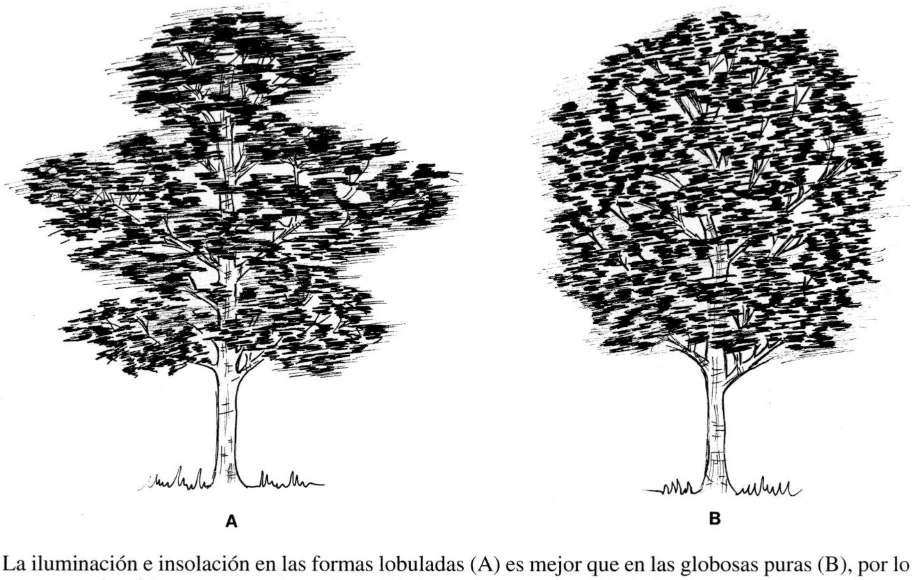

La iluminación e insolación en las formas lobuladas (A) es mejor que en las globosas puras (B), por lo que su producción es mayor y de mejor calidad, igual que sus posibilidades de renovación vegetativa.

cubierto éstas, cada cierto número de años. También en Levante se pueden apreciar casos similares en los naranjos, como consecuencia de la práctica del sobreinjerto para cambiar de variedad. El encalado protector de troncos y ramas madres es una operación muy común en los huertos de frutales, cuando están plantados a baja densidad.

En plantaciones nuevas las precauciones contra los excesos de insolación son indispensables en muchas regiones frutícolas españolas.

En la zona cantábrica y en el valle Alto del Ebro, la falta de insolación es, por el contrario, un grave problema en el cultivo frutal, que se puede transformar en limitante para algunas especies (melocotón). Este defecto se traduce generalmente en menor producción y en falta de color en la fruta producida; y en la obligatoriedad práctica de realizar podas de formación que aprovechen al máximo la insolación disponible.

Aun en zonas de tan alta insolación como Andalucía, se pueden dar casos de falta de iluminación dentro de árboles como el olivo, consecuencia de malas técnicas de poda. La tendencia a podar estos árboles en formas lobuladas o la de establecer plantaciones más densas formadas en seto son orientaciones actuales para solucionar el problema.

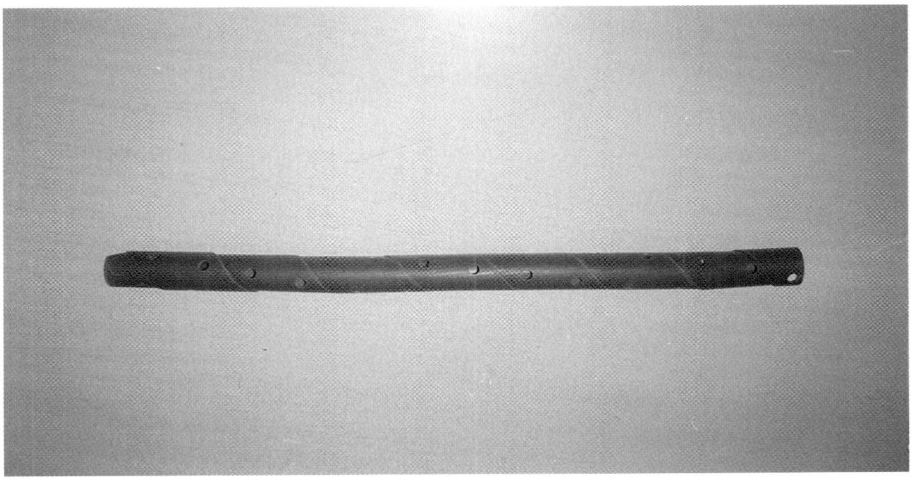

Foto 7.3.–Banda protectora para evitar daños por insolación y por roedores, en plantones recién establecidos.

8

EL VIENTO

En el cultivo frutal se considera, en general, como conveniente un cierto nivel de aireación y ventilación de las copas de los árboles. Pero aunque esto sea así, el viento en cuanto alcanza y supera una intensidad apreciable, crea problemas de muy diversos tipos en los frutales.

Problemas ocasionados por el viento

Pueden considerarse dos clases de efectos negativos de los vientos, según sean meramente mecánicos o de carácter fisiológico.

Los efectos mecánicos son los originados por la intensidad del viento, cualquiera que sea su dirección. Pueden causarse daños en las hojas, frutos, ramas y aún a la totalidad del árbol.

El viento bate las hojas, agitándolas tanto más cuanto más largos son los peciolos. Este batido causa en ellas por choques entre las mismas con ramas y ramos, roturas de los limbos que se hienden y laceran en los bordes, llegándose a dañar irreversiblemente y a caer necrosadas. En áreas batidas por el viento, no sólo se produce este efecto, sino que también disminuye el tamaño de las hojas y la actividad de éstas.

El mismo problema, aún más grave debido al mayor peso, se produce en los frutos, particularmente en aquellas variedades que tienen pedúnculos largos, cuando ya han alcanzado un tamaño apreciable y están próximos a la madurez. En estas condiciones, el viento agita los frutos, golpeándolos unos con otros y con los ramos, lo que origina unas lesiones epidérmicas que los deprecian, conocidas entre los fruticultores con el nombre de *rameo*. En casos extremos, o si los vientos son más fuertes, los frutos caen, a veces en forma muy intensa, siendo este problema frecuente en peral, manzano y melocotonero, debido al mayor peso de los frutos. En las variedades de manzano y peral, propensas a la llamada *caída de madurez,* la superposición de esta tendencia con vientos fuertes ocasiona algunos años auténticas catástrofes; tal es el caso en Golden Delicious y Belleza de Roma entre las manzanas, y de William's y Mantecosa Hardy entre las peras.

En zonas en las que los vientos tengan una dirección claramente dominante, las plantaciones jóvenes corren un marcado riesgo de deformaciones en la copa e inclinación del tronco. Las deformaciones desequilibran la copa, que adopta la forma de *llama* apuntada a favor del viento, lo que origina serios problemas de poda y de paso de los aperos de cultivo, agravados éstos por la inclinación de los troncos.

En casos extremos, la violencia del viento puede provocar roturas de ramas del esqueleto y a veces el descuaje del árbol, que queda totalmente abatido con gran parte de su sistema radicular al aire. Este tipo de problemas se agrava en árboles con gran cosecha, o cuando el esqueleto del árbol no es suficientemente resistente bien por defectos de formación, o bien por la presencia de cavernas, debidas al hielo o al sol, en el tronco y las ramas estructurales, que originan zonas de poca resistencia mecánica. En árboles frutales, a veces los descuajes son debidos a la falta de anclaje originada por ciertos portainjertos poco vigorosos.

Las roturas de ramas estructurales por efecto del viento producen heridas grandes, irregulares y astilladas, que son de muy difícil saneamiento y de lenta y mala cicatrización. Además, los desequilibrios subsiguientes son graves y muchas veces conducen a la decrepitud del árbol, sobre todo si éste es viejo, que es el caso en el que con más frecuencia se producen estos problemas. En cuanto al descuaje de los árboles cuando se produce, lo normal es que el daño sea irreparable.

Con independencia de este tipo de problemas mecánicos, el viento, sobre todo cuando es frecuente, origina dificultades en algunas operaciones de cultivo. En los tratamientos fitosanitarios, las pulverizaciones pueden hacerse imposibles y lo mismo ocurre con los riegos por aspersión, cuya distribución se altera totalmente.

En algunos casos, los problemas fisiológicos ocasionados por el viento pueden ser tanto o más graves que los mecánicos. La incidencia más frecuente se produce en la floración, en la que, aparte de posibles daños mecánicos, el viento imposibilita el vuelo de las abejas, impidiendo la polinización. Este efecto se produce ya a partir de intensidades del viento de más de 10 kilómetros por hora y se agrava totalmente a partir de los 20 kilómetros por hora, siendo de tal importancia que muchas veces puede ser la consecuencia más grave en zonas de primavera ventosa, pudiendo convertirse en un factor limitante, si no hay protección, dado el carácter entomófilo de la polinización en la mayoría de los frutales.

Los vientos cálidos y secos son una de las causas más frecuentes del ya comentado problema de *asurado.* Bajo estas circunstancias, la transpiración

GRAFICO 17

EFECTOS MECANICOS DEL VIENTO

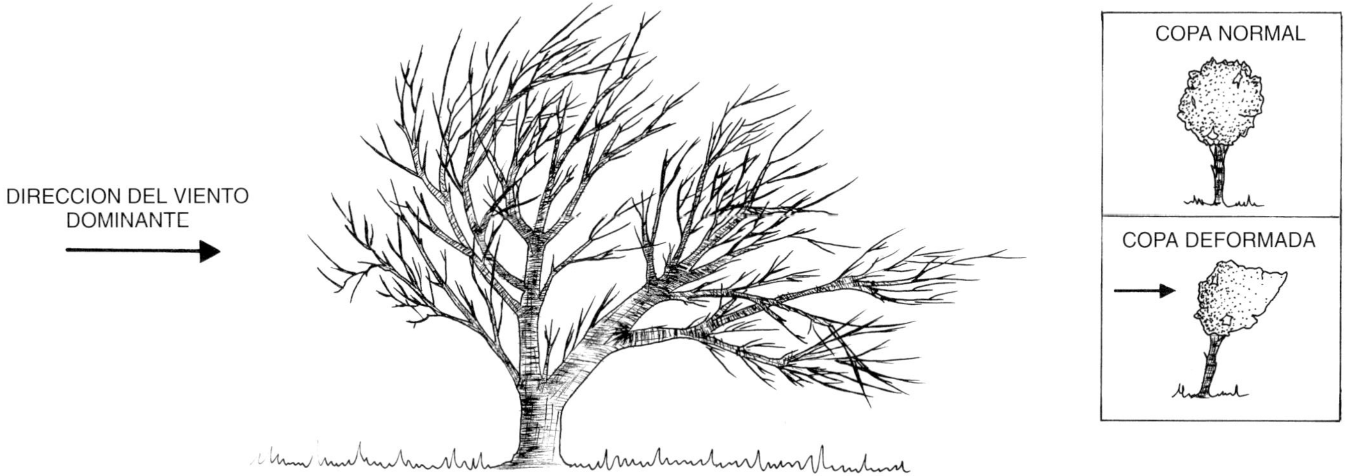

El viento dominante deforma las copas de los árboles tendiendo a desequilibrar la ramificación y a inclinar el tronco.

Foto 8.1.–Tronco inclinado y copa deformada por efectos mecánicos del viento en un manzano adulto.

se incrementa marcadamente y la vegetación no recupera con la suficiente rapidez el agua transpirada y se deshidrata, *atabacándose* y cayendo después, produciéndose la defoliación y debilitamiento del árbol.

Otro problema frecuente en las zonas frutícolas próximas al mar es el efecto de los vientos salinos. Al ser éstos continuos, o, por]o menos muy corrientes, el salitre del que van cargados se acumula en las hojas llegando a aparecer síntomas de fitotoxicidad por sales. El árbol desarrolla menos y a veces sufre defoliaciones importantes.

La defensa contra el viento

Aunque, como hemos visto, los vientos pueden crear muchos y variados problemas en las plantaciones frutales, dentro de ciertos límites, es uno de los pocos factores climáticos contra los que hay algunas posibilidades de defensa. Estas se pueden reunir en dos grandes grupos: el uso de *barreras cortavientos,* por una parte, y, por otra, un conjunto de prácticas agronómicas que podríamos denominar *medidas complementarias.*

La instalación de barreras cortavientos, transversales a la dirección dominante de éstos, y con la finalidad de *filtrar* el viento y reducir su velocidad, ha sido desde siempre el método clásico de defensa. Estas barreras pueden ser de dos tipos: *inertes,* es decir, formadas por obras de fábrica, cañizos, mallas de plástico, etc., y *vivas,* formadas por árboles u otras plantas de desarrollo vertical en altura.

Las barreras, cualquiera que sea su tipo, son tanto más eficaces cuanto mayor es su altura sobre el suelo, ya que la anchura de la franja de tierra protegida es proporcional a esta altura. Las barreras *inertes,* cuyo costo se incrementa marcadamente al aumentar esa altura, en razón al mayor coste de los soportes, difícilmente pueden económicamente superar los tres metros, lo cual las hace virtualmente inaplicables, salvo casos excepcionales, al cultivo frutal, que precisa siempre mayores alturas de defensa. En consecuencia, en la mayoría de los casos las barreras *inertes* se aplican al cultivo hortícola, quedando para los frutales el recurso de las barreras *vivas.*

Dado que la finalidad fundamental de los cortavientos vivos, cuando lo que pretendemos es evitar sus efectos mecánicos, es la de filtrar el aire y disminuir su velocidad, en líneas generales en estos casos son preferibles las barreras semipermeables sobre las impermeables. Estudios experimentales han demostrado que los mejores resultados se consiguen con una porosidad del orden del 50 %, a nivel teórico, que en la práctica, al considerar la forma y espesor de la barrera de los árboles, puede variar considerablemente.

La anchura de la franja protegida por el cortavientos es función de su altura y de su permeabilidad y se considera que la eficacia del cortavientos se anula cuando a una altura mitad que la de la barrera, la velocidad del viento es el 80 % de la inicial, medida a la misma altura. De esta forma, en condiciones medias, una barrera semi-permeable de la altura h defiende una franja de una anchura $l = n \cdot h$ del orden de 15 a 20 veces su altura. Por el contrario, una barrera impermeable provoca la formación de remolinos detrás de ella, al desplomarse el aire que se ha elevado por encima y, en consecuencia, la anchura protegida es en este caso solamente de 10 a 12 veces su altura. En definitiva, siempre que nos veamos obligados a utilizar este tipo de barreras deberemos plantarlas más cerca unas de otras, para conseguir hacerlas eficaces.

Las ventajas de los cortavientos son claras en todo lo que significa disminución de los efectos mecánicos del viento. Así, los daños en hojas, flores y frutos son mucho menores cuando hay defensa que los que se producen en parcelas desprotegidas; las deformaciones de los árboles jóvenes, mucho menos marcadas, y las roturas de ramas y caídas masivas de fruta, menos peligrosas. Pero, con todo, la máxima ventaja en zonas aireadas se suele producir en la floración y polinización, en la que los cortavientos han llegado a producir incrementos de producción de hasta un 50 % sobre parcelas sin defensa, debido a las mejores condiciones en la actividad de las abejas. Por otra parte, los cortavientos disminuyen la evapotranspiración, ahorrando agua de riego, lo que puede llegar a ser en algunos casos una de sus mayores ventajas.

A todas estas ventajas se contrapone una serie importante de inconvenientes. De entre ellos merecen destacarse los siguientes:

1.° Probablemente, el mayor problema planteado por los cortavientos lo constituye la pérdida de la superficie agrícola útil (SAU) que ocupan. Efectivamente, si consideramos que a cada lado de la barrera tenemos que dejar libre una franja de cuatro-cinco metros como mínimo para que la maquinaria pueda circular y maniobrar, y si tenemos en cuenta que entre barrera y barrera de ocho-diez metros de altura debe existir una anchura no mayor de 100 metros en cortavientos impermeables y de 200 metros en el caso de las semipermeables, la pérdida neta de superficie oscilará entre el 10 % en el primer caso y el 5 % en el segundo, lo que en tierras de cultivo frutal puede representar mucho dinero.

La pérdida de superficie puede aminorarse aprovechando, si es posible estos espacios para caminos de servicio, acequias, lindes, etc. Otras veces se utilizan especies de porte fusiforme para que haya más espacio libre, o se podan los árboles del cortavientos sistemáticamente en su expansión lateral para que mantengan una forma plana en su parte baja. En cualquier caso, la pérdida de superficie es un hecho, y como tal hay que aceptarlo.

2.° La competencia radicular es otro serio inconveniente. Al usar normalmente como barrera especies rústicas, robustas y de gran desarrollo, su sistema radicular suele ser muy competitivo y se extiende hacia la plantación, buscando agua y nutrientes. Múltiples medidas se pueden intentar para paliar esta competencia: subsolados paralelos al seto a unos tres metros de distancia y a un metro de profundidad, para evitar la penetración de las raíces en la zona plantada; colocación de acequias y desagües a lo largo para que las raíces profundicen sin extenderse demasiado. La mejor solución, es, sin duda, la de fertilizar y regar el seto, igual que la plantación, tanto al establecerlo como después, y no abandonarlo una vez plantado, en cuyo caso los árboles del seto buscarán su nutrición, compitiendo con ventaja con los frutales.

Igual que en el punto anterior, la competencia es inevitable. En las plantaciones con barreras cortavientos los árboles de las primeras filas, próximos a éstas, se ven siempre menos desarrollados. Se puede intentar paliar el problema, pero casi nunca se consigue evitarlo.

GRAFICO 18

DEFENSA CONSEGUIDA CON BARRERAS CORTAVIENTOS VIVAS

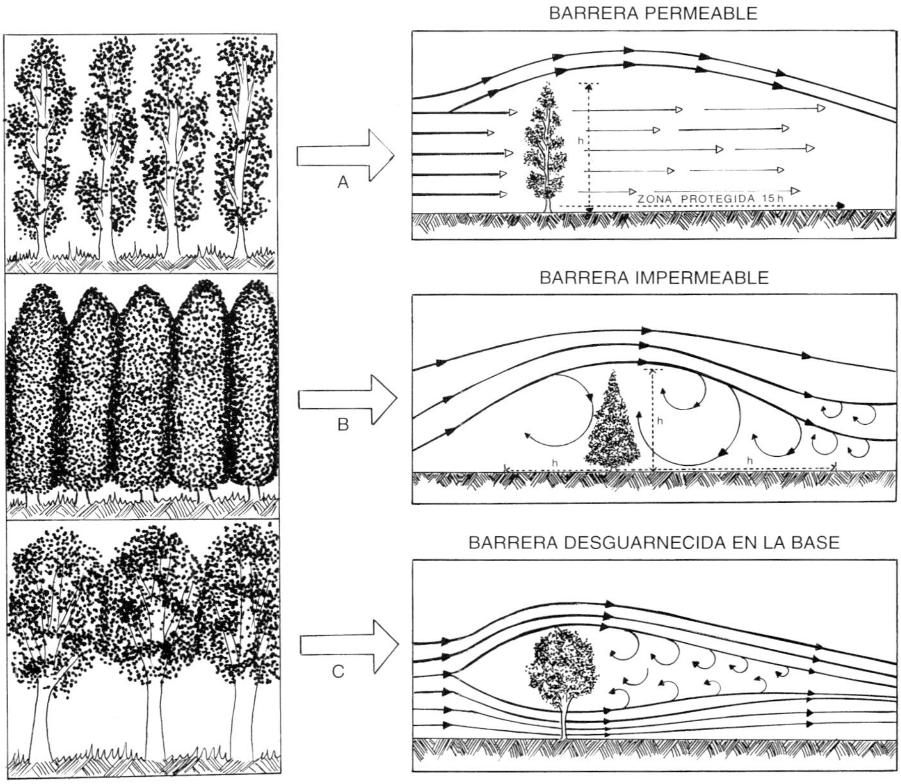

Diversos efectos defensivos conseguidos con diferentes tipos de barreras cortavientos:

A. La barrera permeable filtra el viento, disminuyendo su velocidad, y consigue una defensa eficaz en una franja de 15 a 20 veces la altura de la barrera.

B. La barrera impermeable provoca la aparición de remolinos. La defensa es menos eficaz.

C. Las barreras desguarnecidas en la base no consiguen frenar eficazmente el viento. La defensa es mala.

3.° El sombreo producido por la barrera es otro grave inconveniente. En realidad, es una forma de competencia, en este caso por el sol y la luz, que agrava los efectos comentados antes. Como es lógico, depende de la orientación del cortavientos y de su altura, así como de las exigencias de la plantación.

4.° Otro reproche muy frecuente es la mayor incidencia de enfermedades criptogámicas, como consecuencia del mayor nivel de humedad,

Foto 8.2.–Grave rotura de una rama madre producida por el viento en un manzano adulto. La copa queda totalmente desequilibrada.

provocado por la barrera, así como la posible acumulación de plagas, que se refugian en los cortavientos, favorecidas por el favorable ambiente que se crea para la pululación de insectos. Ello obliga a tratar los árboles de la barrera con los mismos tratamientos fitosanitarios que la plantación, lo cual es costoso y no siempre posible, debido a la altura de la barrera.

5.° Cuando se trata de setos vivos, otro problema a considerar es la lentitud con que entra en servicio. Si no plantamos el seto con anterioridad (dos o tres años), o si lo plantamos con planta pequeña, más barata, los primeros años de la plantación frutal, que es cuando más se necesita la defensa, ésta no existe. Además, algunas especies, propias de barrera, son de gran desarrollo, pero lentas en los primeros años (cipreses), lo que agrava el problema. La mejor solución es la de plantar antes, el seto que los frutales, y si ello no es factible, emplear planta ya desarrollada y cuidarla intensamente (riegos, abonados) para favorecer su desarrollo.

Foto 8.3.–Detalle de la rotura anterior. La herida por desgarro, grande e irregular no puede cicatrizar y conduce a la decrepitud del árbol.

6.° Los cortavientos pueden crear serios problemas microclimáticos. El peligro de heladas primaverales de irradiación aumenta, así como las temperaturas máximas del verano. El grado higrométrico también aumenta y la ETP disminuye.

Cuando la defensa mediante barreras pretende evitar los efectos fisiológicos del viento, el planteamiento es totalmente diferente. Por ejemplo, la defensa contra vientos desecantes muy cálidos es poco viable, ya que las barreras no solamente no evitan el daño, sino que a veces se agrava; en cuanto a los vientos salinos, la alternativa sería oponerle una barrera impermeable, con objeto de que el aire deje su carga de sal, sobre la barrera, y no sobre los frutales, para lo que aquélla debe estar constituida por especies resistentes.

Las medidas complementarias de defensa, además de los cortavientos, son múltiples y variadas. Evidentemente, la primera debe ser no elegir en zonas ventosas variedades cuyas hojas y frutos tengan pedúnculos largos ni portainjertos de débil anclaje. De la misma manera, en estas zonas se deben eliminar las variedades con clara tendencia a la *caída de madurez,* que puede originar pérdidas catastróficas.

La robustez del esqueleto es hoy una de las condiciones clave de los sistemas de poda, en cualquier circunstancia, pero más aún en regiones con vientos fuertes. Si en estas regiones el esqueleto formado no resulta suficientemente sólido, la única solución será recurrir a formas apoyadas o en espaldera.

En las plantaciones jóvenes, para evitar inclinaciones y desequilibrios, la solución es el montaje de tutores suficientemente fuertes, bien verticales, o bien en forma de *arbotante.* A veces, se puede tomar la precaución de plantar ligeramente inclinado contra el viento, para que éste enderece después la planta, o de podar más largo la parte de la copa orientada al viento para que éste equilibre el conjunto. En las zonas ventosas, los fruticultores, al plantar, colocan el *cayado* del injerto contra el viento, y no a favor, para evitar la pérdida de la planta por rotura.

Foto 8.4.–Grave rotura de una parte de la copa de un tilo ejemplar por efecto de vientos huracanados.

GRAFICO 19

FORMAS DE COMPENSAR LOS EFECTOS DEL VIENTO

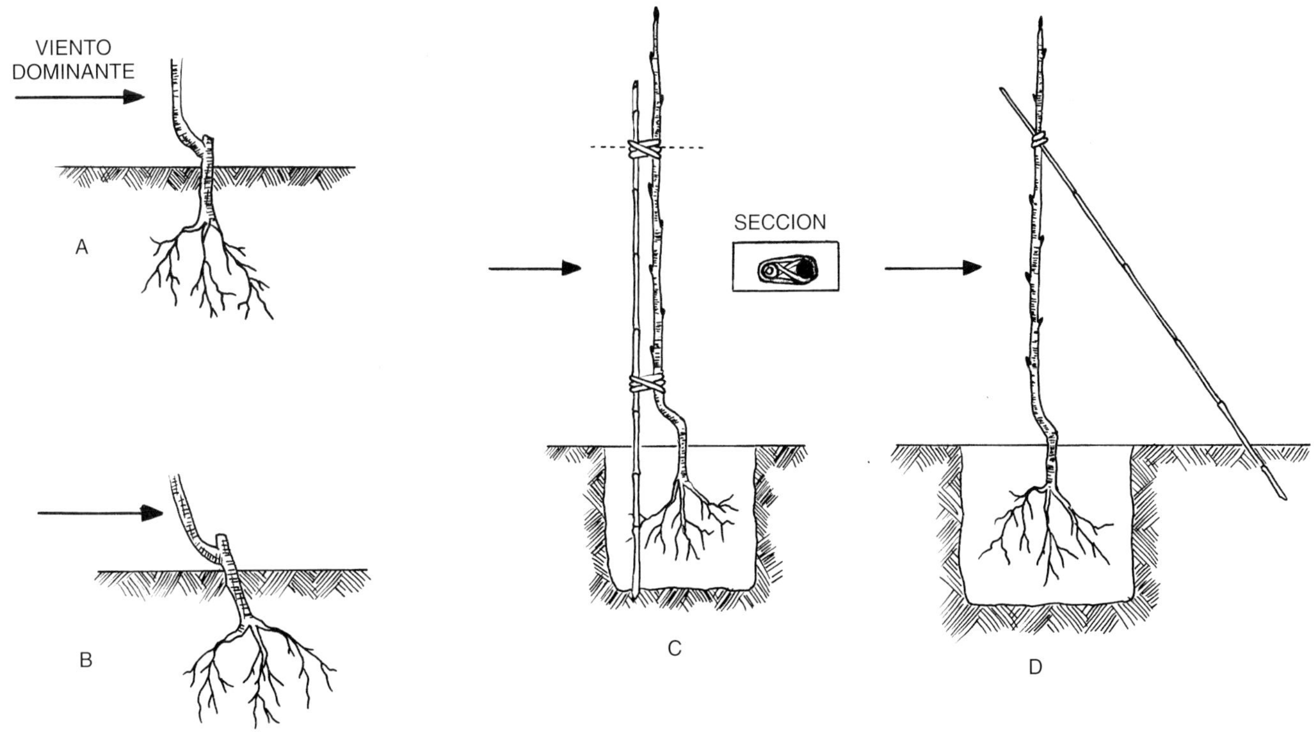

A y B. En las nuevas plantaciones sometidas a vientos frecuentes el «cayado» del injerto debe dirigirse contra el viento, para evitar roturas, e inclinarlo ligeramente para compensar el efecto del mismo.

C y D. Diversas formas de «entutorado» contra el viento, en árboles jóvenes.

Especies utilizadas en las barreras cortavientos

Dadas las características de su función, las especies de posible uso en la formación de barreras cortavientos deben cumplir las siguientes condiciones:

1.° Ser de crecimiento rápido y erguido.
2.° Porte fusiforme y gran altura.
3.° Rústicas, vigorosas y bien adaptadas.
4.° Sistema radicular no demasiado invasor.
5.° Madera no quebradiza y, a ser posible, con aprovechamiento industrial.
6.° Vegetación no excesivamente densa.

Cuando sea preciso evitar los efectos del viento sobre la floración y polinización, deben usarse especies de hoja perenne o en su defecto especies cuya brotación sea bastante anterior a la de los frutales a defender. En caso de vientos salinos, la defensa siempre debe hacerse con especies de hoja perenne. Fuera de estos casos, en frutales es casi siempre preferible que los cortavientos estén formados por árboles caducifolios; en ocasiones puede ser la mejor solución el asociar una especie caducifolia de gran altura con otra de hoja perenne que cierre la zona más baja de la barrera.

De entre las especies de mayores posibilidades de uso merecen citarse las siguientes:

CHOPOS.–Son múltiples las especies utilizadas con este fin, del género *Populus.* Eligiendo la más adaptada a cada región, suelen dar buen resultado. Su madera es aprovechable y cumple todos los requisitos para formar las barreras, si bien tienen en general bastante sensibilidad al frío y son exigentes en agua: *Especies utilizadas:* Populus alba: Alamo blanco; Populus nigra: Chopo; Populus alba «boleana»: Chopo boleano; Populus nigra itálica; Populus nigra deltoide.

ABEDUL.–Se utiliza como los chopos, pero en las regiones húmedas y de clima suave. Es sensible al frío, pero aún más al calor y a la sequía. *Especies utilizadas:* Betulla alba Coste y Betula verrucosa Ehrh.

ALISO.–Análogo a los anteriores, también exigente en humedad y sensible al frío y al ambiente seco. *Especies utilizadas:* Alnus glutinosa (l.) Gaerter: Aliso.

EUCALIPTUS.–Muy utilizados en cortavientos por su gran altura, rápido crecimiento y aprovechamiento de la madera. Son, sin embargo, muy sensibles al frío, tremendamente invasores y competitivos y de madera frágil, lo que ocasiona múltiples roturas de ramas. *Especies utilizadas:* Eucaliptus globulus Labill y Eucaliptus rostrata (E. rostratus Schlecht).

TARAY, TARAJE, TAMARISCO (Tamarix gallica).–Especie muy rústica y resistente al frío, al calor y, sobre todo, a la salinidad. Vegeta en cualquier tipo de suelos y llega a formar masas compactas, pero de no demasiada altura, para un cortavientos. Muy usado en zonas marítimas y arenosas.

Foto 8.5.–Descuaje de viejos chopos por efecto del viento. Toda la peana de los árboles se vuelca.

Foto 8.6.–Daños mecánicos producidos por vendavales en un viñedo. Hojas y pámpanos han desaparecido y únicamente se mantienen los racimos muy dañados.

Foto 8.7.–Barreras cortavientos artificiales de piedra en un viñedo de la isla de Lanzarote.

Foto 8.8.–Efecto competitivo y de sombreo de una barrera cortavientos de *ciprés sempervirens*. Los primeros árboles están afectados.

Foto 8.9.–Barrera cortavientos natural en formación.

TRANSPARENTE (Mioporum tenuifolium G. Foster).–Igual que la anterior, es una especie muy resistente a la salinidad y al calor, pero sensible al frío. Forma setos muy buenos en zonas marítimas. No alcanza demasiada altura.

CIPRES (Cupressus sp.).–Es un género en el que hay varias especies de frecuente uso para barreras. De hoja perenne, alcanza buena altura, pero, como todas las coníferas, es de muy lento crecimiento los primeros años. *Especies utilizadas:* C. sempervirens L.: muy rústico, pero exigente en humedad. C. arizónica E. L. Greene: se adapta a todo tipo de suelos y climas. C. macrocarpa Hartweg: resiste a la salinidad. Se adapta a zonas marítimas. No resiste fríos intensos.

CHAMAECYPARIS.–También muy usado como barrera cortavientos en zonas húmedas. No resiste la sequía ni ambientes cálidos. Alcanza buena altura y forma setos muy densos. *Especies utilizadas:* Chamaecyparis lawsoniana Parl.

CUPRESSOCYPARYS LEYLANDII.–Más vigorosa y de más rápido crecimiento que las anteriores. No resiste la sequía ni ambientes cálidos.

THUYA.–Género también de amplio uso como cortavientos. Resiste mejor el calor y la salinidad que el Chamaecyparis. Es de menor crecimiento en altura y muy lento en su desarrollo. Forma setos muy compactos. *Especies utilizadas:* T. occidentalis L.: La más rústica. T. plicata D. Don: no resiste el frío ni la sequía.

Foto 8.10.–Barrera cortavientos artificial de malla en una plantación de kiwis en Guipúzcoa.

Foto 8.11.–Barrera cortavientos artificial de obra en una plantación joven de mangos en Tenerife.

ALIGUSTRE (Ligustrum japonicum).–Especie rústica y resistente al frío. No alcanza demasiada talla, pero da setos compactos de rápido crecimiento. Es sensible a la sequía.

FALSO LAUREL (Prunus laurocerassus L.).–Muy rústico y resistente al frío. Tampoco alcanza demasiada altura y también forma setos muy compactos y exuberantes.

LAUREL (Laurus nobilis L.).–También muy rústico, aunque exigente en humedad, forma setos compactos.

CAÑA (Arundo donax L.).–Muy rústica y resistente a la sequía. Forma barreras no muy altas, pero aprovechables periódicamente. Es muy invasora y origina un alto riesgo de incendios en otoño.

CAÑA BAMBU (Bambusa arundinacea Willd).–También muy rústica, pero exigente en humedad y sensible al frío y a la sequía. Forma barreras más altas que la caña común, también aprovechables por corta periódica, pero es de lenta implantación, muy invasora y de difícil eliminación.

OLIVO (Olea europea L.).–De muy lento crecimiento y de poca altura, pero forma barreras muy rústicas y resistentes a la sequía. Menos competitiva que otras especies y de follaje poco denso, idóneo para barreras permeables. Es poco resistente al frío.

Indices climáticos utilizables

Aunque no siempre sea fácil disponer de datos al respecto en el estudio del viento como factor climático, resulta imprescindible conocer la dirección o direcciones dominantes en las diferentes épocas del año, así como su intensidad en kilómetros/hora y su frecuencia en porcentaje.

También por lo que se refiere a los posibles efectos mecánicos, es conveniente conocer los vientos de más de 30 kilómetros/hora de velocidad, las épocas en que se producen y su frecuencia.

Problemas ocasionados por el viento en España

En todas las regiones frutícolas españolas, el viento origina daños con una cierta frecuencia, siendo los más corrientes los de carácter mecánico; aunque en todas las zonas marítimas las brisas salinas obligan a proteger las plantaciones de todo tipo y, sobre todo, las de cítricos, con espesos setos cortavientos de Thuya, Ciprés macrocarpa, Taray, transparente y caña común. En la zona cantábrica los setos más frecuentes son los de Chamaecyparis, Laurel y Laurocerassus, así como los de Ciprés macrocarpa.

Probablemente una de las regiones más ventosas en nuestra fruticultura la constituye el valle del Ebro, donde los vientos del NO (*cierzo*) y del SE (*solano*) son claramente dominantes en invierno-primavera el primero, y verano, el segundo. En esta zona, la fruticultura tiene que localizarse en áreas protegidas; en caso contrario, los cortavientos de chopos *ciprés sempervirens* o *arizónica* o caña común son imprescindibles.

En las zonas frutícolas andaluzas y Extremadura, aunque el problema de los vientos es menos importante, son frecuentes las barreras de eucaliptus, olivos y ciprés sempervirens. En estas zonas, los daños más graves los causan los *asurados* ocasionados por los vientos *solanos,* procedentes del Sur en verano.

9

GRANIZO Y PEDRISCO

Se conoce con el nombre de *granizo* la precipitación formada por granos de hielo translúcidos o transparentes, casi siempre esféricos, de dos a cinco milímetros de diámetro, que rebotan en el suelo. Si los granos de hielo son blancos, opacos, se llama *granizo blando* o *nieve granulada.*

Cuando la precipitación está formada por trozos de hielo irregulares, de diámetro mayor de cinco centímetros, transparentes o con capas opacas, se llaman pedrisco. A veces esta precipitación puede alcanzar gran tamaño, con diámetro mayor de un centímetro.

El granizo y el pedrisco son fenómenos climáticos que se asocian a las tormentas. En éstas, la presencia además de fuertes vientos y de intensas lluvias, agrava considerablemente sus efectos, originando daños catastróficos irreparables. Normalmente, las tormentas que originan granizadas suelen producirse en primavera y verano, después de fuertes calores y ambiente en calma. Su desarrollo suele ser errático y sus efectos localizados en áreas muy concretas, de tal forma que causa daños catastróficos en una zona y es totalmente inofensiva a pocos cientos de metros. A pesar de este acusado carácter errático, ciertas zonas muestran una muy superior frecuencia de granizadas que otras, donde el fenómeno puede ser casi desconocido.

Efectos del granizo y del pedrisco. Daños que causan

Con independencia de los efectos originados por los vientos y precipitaciones acuosas de las tormentas, la precipitación de trozos de hielo provoca en los elementos del árbol una serie de heridas por impacto, cuyo tamaño depende del de los trozos de hielo, así como de su velocidad de caída y de la duración del fenómeno. En consecuencia, sus efectos sobre hojas, flores, brotes y frutos son muy variables, oscilando entre pequeñas heridas y laceraciones provocadas por granizadas poco intensas y defoliación total y caída completa de frutos en las más intensas y largas.

Cuando los granizos son grandes, los efectos más importantes se ponen de manifiesto en la madera. Los impactos destrozan poco a poco la corteza, en la cara de las ramas que da a la dirección de caída, y se producen grandes heridas que pueden llegar hasta el leño, de bordes irregulares y machacados y de gran extensión. En los ramos y ramas jóvenes puede desaparecer la corteza casi totalmente, y en conjunto el árbol parece haber recibido una tremenda perdigonada.

Los daños producidos por el granizo y, aún más por el pedrisco, suelen ser muy grandes, y en casos extremos, irreparables. Cuando los árboles tienen cosecha, ésta casi siempre se puede dar por perdida, y cuando la granizada ha sido leve, en cualquier caso los frutos quedan muy depreciados por las señales de los impactos. La vegetación, hojas y brotes queda muy lacerada, y se llega a producir con frecuencia la defoliación completa, con el subsiguiente debilitamiento. En cuanto a los daños en la madera, si son grandes, la única solución es una poda de renovación, que elimine las maderas afectadas, lo que puede suponer la pérdida de dos o tres cosechas posteriores. En casos más leves, la poda de invierno siguiente deberá ser mucho más detallada y costosa de lo normal, y el árbol precisará cuidados especiales de cultivo, buscando su recuperación durante bastante tiempo.

Un aspecto muy importante a considerar después de una granizada lo constituye el grave peligro de infecciones criptogámicas y bacterianas, como consecuencia del gran número de lesiones y el alto nivel de humedad, posterior a las tormentas. A veces, este problema puede ser más grave que la propia granizada; sobre todo en árboles jóvenes o en especies sensibles a este tipo de afecciones. En los frutos, la extravasaciones de jugos azucarados incrementan el desarrollo de hongos saprofitos, lo que puede terminar de arruinar la cosecha.

Métodos de defensa

Cuando una plantación frutal resulta afectada por una granizada o pedrisco, las consecuencias suelen ser funestas, aunque pueden recomendarse algunas prácticas que palíen estos efectos. Por ello, el granizo se convierte en un claro factor limitante, ya que una sola granizada puede arruinar una plantación, tanto si es joven como si es adulta. Las medidas *a posteriori* son de dudosa eficacia, y por ello la lucha anti-granizo se basa normalmente en medidas directas. Hasta el momento, la mayor eficacia en esta defensa se consigue sobre la base de aplicar una lucha preventiva que intenta formar

GRAFICO 20

PERFIL TIPO DE UNA NUBE DE TORMENTA

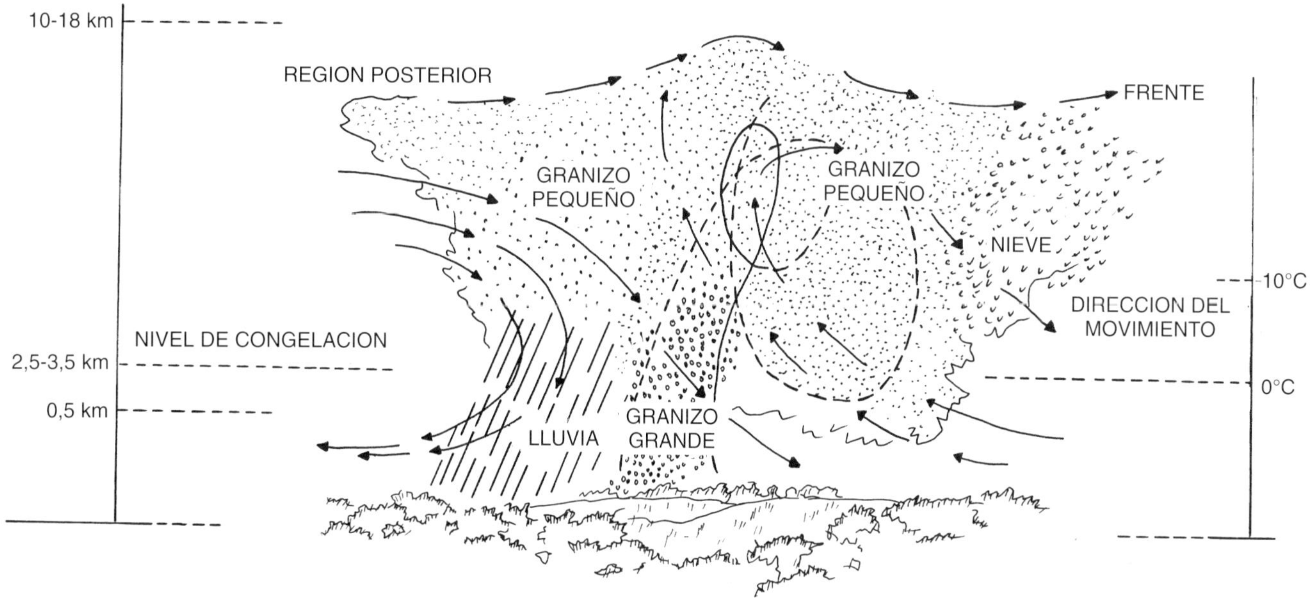

Perfil de tormenta, con granizo según Ludlam.

Tomado del «Curso de Peritación de Daños en cosechas siniestradas». (Escuela Universitaria de Ingeniería Técnica Agrícola, 1983.)

mayor número de granizos, pero de tamaño más pequeño y que caigan a menor velocidad.

El fundamento de esta forma de lucha preventiva consiste en modificar la evolución natural de la nube de tormenta, mediante la siembra artificial en el seno de la nube de una gran cantidad de núcleos de congelación. Estos núcleos o pequeñas partículas sólidas provocan que el agua de la nube forme hielo a su alrededor en un número de granizos superior al natural, lo que hace que sean más pequeños y con menos energía, por lo que al chocar entre sí en su caída y por rozamiento se destruyen, disminuyendo sus efectos nocivos. Los compuestos utilizados para la formación de núcleos de congelación son el *yoduro de plata (I Ag),* que es el más usado y más antiguo; el *yoduro de plomo,* más barato, pero mucho más contaminante y menos degradable, y el *ácido clorosulfónico,* más moderno y de buenas características.

La dispersión de los *núcleos de congelación* en la nube tormentosa puede conseguirse de diversas formas, siendo éstas, en definitiva, las que dan origen a los diferentes métodos de defensa. Estos pueden agruparse en la siguiente forma:

a) Quemadores de carbón activado.
b) Generadores de IAg.
c) Cohetes.
d) Empleo de aviones.

Quemadores de carbón activado.–Constituyen el método más barato de defensa. Los quemadores están formados por dos tubos metálicos concéntricos. En el tubo interior se introduce carbón de coque, impregnado de IAg en solución al 2 %. Entre éste y el tubo exterior se quema carbón vegetal normal en combustión lenta, lo que pone al rojo el cilindro interior; el IAg se sublima, originando varias decenas de miles de *núcleos de congelación* por cada mg de IAg. Cada quemador defiende en esta forma entre 10 y 20 kilómetros cuadrados, si bien no resulta fácil conseguir que las corrientes ascendentes de la nube tormentosa dispersen eficazmente los núcleos formados en el quemador.

Generadores de yoduro de plata.–Son aparatos similares a los quemadores, en los que el tubo interior se transforma en una chimenea, en cuya cámara de combustión, mediante aire comprimido, se inyecta una solución de IAg en acetona, a través de una lanza inyectora. En funcionamiento, consume entre 0,5 y 1 l de solución por hora, y genera, debido a la mayor concentración de IAg y a su más intensa sublimación, una cifra de miles de millones de núcleos que en algunos casos son impulsados a través de la chimenea a la atmósfera por un ventilador.

Los generadores son mucho más eficaces que los quemadores, y cubren una superficie más amplia (hasta 50 kilómetros cuadrados), pero son mucho más costosos de instalación y de más complejo mantenimiento.

Foto 9.1.–Impactos de granizo en ramos de kiwi.

Cohetes.–Los hay de dos tipos, unos denominados granífugos, cuya explosión en el seno de la nube emite ondas sonoras de alta energía, que por cavitación disgregan los granizos en formación y los precipitan al suelo en forma acuosa o de granizo blando. El otro tipo de cohetes, por su explosión a determinada altura, rompe unas ampollas en las que transporta su carga de compuesto químico, formador de núcleos de congelación, que se dispersan en la zona elegida de las nubes.

Los cohetes granífugos son baratos, pero muy poco eficaces, salvo en el caso de tormentas poco importantes y muy localizadas. En zonas muy concretas, como pueden ser valles estrechos y encajonados, pueden, sin embargo, constituir un buen método de defensa, siempre que se disponga de suficientes baterías de cohetes como para compensar la diferencia de energía entre la tormenta y el cohete. En cuanto a los otros cohetes, con carga química, son más costosos y constituyen un eficaz complemento de los generadores de suelo, puesto que permiten colocar su carga de núcleos en los centros de actividad de las tormentas, una vez localizados éstos por el

Foto 9.2.–Impactos de granizo en ramos de melocotonero en invierno.

radar, o en las corrientes de ascenso de la tormenta si no se dispone de medios de detección.

Empleo de aviones.–Son el método más moderno y sofisticado de defensa que existe. Su funcionamiento exige disponer de una red de radares meteorológicos, que localizan y definen las características de las nubes de tormenta en formación; en función de estas características, un centro de cálculo mediante ordenadores determina los datos-base, tales como temperaturas, presiones, velocidad del viento, altitud, etc., lo que permite fijar las características del ataque a la nube, tales como la localización de los núcleos más activos, ruta a seguir, volumen de materia activa a dispersar, etc. Esta información se transmite a los aviones, los cuales realizan el ataque bien con generadores instalados en los mismos aviones o bien con cohetes cargados con el producto generador de los núcleos.

Resulta evidente que el método exige un equipamiento tanto en medios materiales como en personal cualificado, que supera las posibilidades de fru-

GRAFICO 21

DEFENSA ANTI-GRANIZO

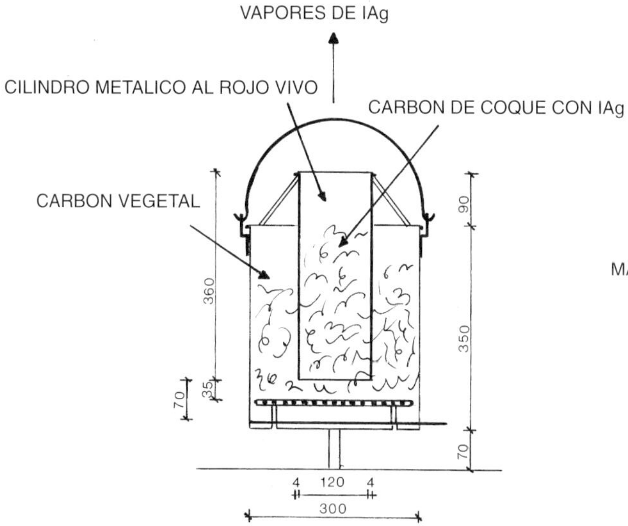

A

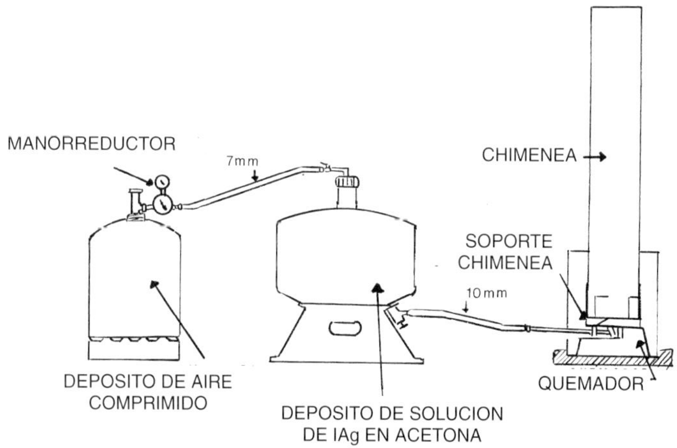

B

A. Sección tipo de un quemador de carbón activado con IAg.
B. Generador de yoduro de plata.

Tomado del «Curso de Peritación de Daños en cosechas siniestradas». (Escuela Universitaria de Ingeniería Técnica Agrícola, 1983.)

Foto 9.3.–Impactos de granizo en nueces.

Foto 9.4.–Impactos de granizo ya cicatrizado en manzana.

Foto 9.5.–Laceraciones producidas por la granizada en hojas de manzano. Las hojas nuevas posteriores a la tormenta están sanas.

Foto 9.6.–Cohete anti-granizo tierra-nube.

Foto 9.7.–Mallas anti-granizo, instaladas sobre una plantación de peral Conferencia en Arnedo (La Rioja).

ticultores privados y aun de asociaciones o cooperativas, haciendo obligatoria la participación de organismos y entidades oficiales. A pesar de todo, países como Estados Unidos, Rusia, Italia, Suiza, etc., lo utilizan con éxito variable. Desde 1978, la defensa mediante aviones se está aplicando también en algunas regiones frutícolas españolas, con carácter experimental.

Con independencia de todos los sistemas descritos, otro posible método de defensa anti-granizo lo constituye el empleo de *redes* o *mallas* plásticas. Estas se montan sobre estructuras fijas, a base de postes y cables dispuestas por encima de la vegetación, y se mantienen colocadas durante todo el período de tiempo con riesgo de tormentas. Las redes pueden ser de múltiples materiales plásticos (polietileno, polipropileno, etc.), con malla de 7 mm de luz, flexibles, ligeras y de fácil conservación y mantenimiento. La sujeción de las redes y su anclaje al suelo debe ser firme para evitar que los vientos las rompan durante la tormenta.

Este método evita los impactos directos y, en consecuencia, minimiza los daños. Sin embargo, aunque las redes no sean demasiado caras, la estructura de soporte y el montaje sí que lo son, y hacen viable este método sólo en pequeñas superficies y para especies de alto rendimiento.

Tanto si disponemos de defensa como si no la tenemos cuando una plantación resulta afectada por una granizada, la primera precaución a tomar debe consistir en evitar las infecciones posteriores. A tal fin, lo antes que se pueda después de la tormenta, debemos aplicar un tratamiento con algún producto anticriptogámico adecuado a la especie de que se trate, mojando abundamente los árboles; en casos graves, el tratamiento deberá repetirse a los 10 ó 15 días. Un abonado nitrogenado no demasiado intenso que reactive la vegetación es también aconsejable.

Posteriormente a estas medidas, la poda y eliminación de maderas dañadas es la única alternativa aplicable; conviene esperar a realizarla durante el período de reposo, cuando los daños se aprecien íntegramente, cortando sobre madera sana, aunque ello suponga una auténtica poda de renovación, y la pérdida de más de un año en la recuperación del árbol.

Indices climáticos a utilizar

Siendo las granizadas y pedriscos fenómenos climáticos erráticos y muy locales, la utilización de datos de observatorio para preverlos frecuentemente resulta inoperante. El dato correspondiente al número mensual de días de tormenta sólo nos da alguna indicación de la posibilidad, pero sin concretar nada sobre la duración, intensidad y tipo de precipitación de las tormentas. Por otra parte, el carácter microclimático de éstas da poca posibilidad de generalización a los índices obtenidos en cada observatorio.

La experiencia local es mucho más representativa de la realidad. Muchas veces, los campesinos, los pastores, los guardas, etc., conocen muy bien las áreas de frecuentes tormentas y granizos y los valles o lugares más afectados, y este conocimiento no se refleja en boletines climáticos, sino que hay que obtenerlo directamente.

La mayor fuente de información la constituyen, sin ningún género de duda, las compañías de seguros; sus estadísticas son la base para fijar la cuantía de sus primas y, en consecuencia, este dato nos refleja el riesgo relativo que hay en cada zona, mejor que los datos climáticos de un observatorio.

Las tormentas y el granizo en España

Aunque el riesgo de daños por granizo exista en casi todas las regiones frutícolas españolas, hay marcadas diferencias de intensidad y frecuencia entre ellas; así, las provincias con mayor actividad tormentosa coinciden con las de orografía más irregular: Huesca, Zaragoza, Teruel, Cuenca, Albacete. Por el contrario, Extremadura, Andalucía Occidental y Galicia reciben poca actividad.

En primavera y verano las tormentas de tipo convectivo producidas por calentamiento de las masas de aire próximas al suelo se dan con frecuencia en la cuenca del Ebro y sus afluentes, en Levante (Requena-Utiel, Yecla-Jumilla, Sierra del Maestrazgo) y en La Mancha. Estas tormentas se suelen producir por la tarde, después de días de intenso calor y ambiente en calma, en valles estrechos y laderas orientadas al Sur (Rioja, Zaragoza, Teruel, etc.) o en las montañas próximas a la costa, afectadas por brisas marinas (Cataluña, Valencia).

En la región cantábrica y en la meseta del Norte y valle del Duero se presentan en invierno tormentas de advención originadas por frentes que invaden esas regiones en forma frontal procedentes del Norte. Los daños, debido a la época en que se producen, son menores, aunque la predicción y lucha en este tipo de tormentas es mucho más difícil.

En los años 70 y hasta mediados de los 80, el Servicio de Defensa contra Plagas del Ministerio de Agricultura, Pesca y Alimentación mantuvo programas experimentales de defensa contra granizo en varias zonas del país.

- Sobre un área de 2,5 millones de ha, distribuidas entre las provincias de Albacete, Alicante, Castellón, Cuenca, Murcia y Valencia, se emplearon generadores de suelo de IAg. Estas experiencias se extendieron a otras zonas del país: Laguna de Gallocanta (Teruel y Zaragoza), Lérida, La Mancha, etc.
- En 1978 se inició un programa de protección aérea, mediante inoculación de aerosoles de IAg. La base de los aviones se localizaba en Albacete, y su área de actuación era el triángulo Yeste-Hellín-Caravaca y una franja de 20 km de ancho hacia el oeste de la línea Hellín-Requena. Se trata de zonas típicas de gran actividad tormentosa, ya que por ellas pasan la mayor parte de las tormentas originadas en las sierras de Cazorla y Segura, y que, además, sirven de barrera para el área cubierta por el programa experimental de generadores. La detección de las nubes tormentosas se realizaba con los radares situados en Silla (Valencia), Monte Perdón (Navarra) y Monte San Caprasio (Zaragoza) (gráficos 23 y 24).

Al tiempo, en 1978 las Cámaras Agrarias de las zonas más afectadas por las granizadas iniciaron sus propios programas de defensa, unos basados en generadores y otros en baterías de cohetes. Hasta 1992, eran 11 las zonas de actuacion de las Cámaras y Agrupaciones Agrarias en el programa de defensa antigranizo, distribuidas en las siguientes áreas (gráfico 24-bis):

- Valle medio del Ebro.
- Zona de Lérida.
- Zona de Madrid.
- Zona de Adegramán en La Mancha.
- Zona de Aragón.

GRAFICO 22

NUMERO MEDIO ANUAL DE DIAS DE GRANIZO

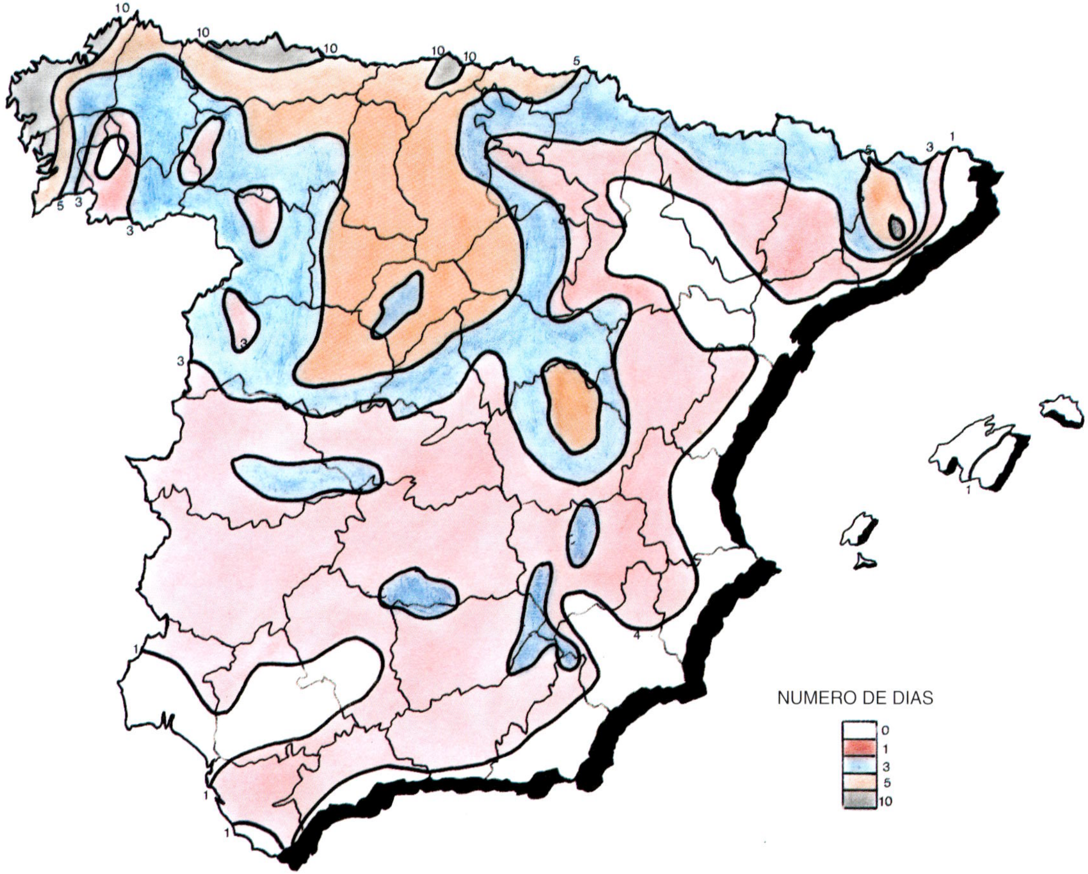

GRAFICO 23

PROGRAMA EXPERIMENTAL DE DEFENSA ANTI-GRANIZO DE LA ZONA DE LEVANTE (ESPAÑA)

Tomado del «Curso de Peritación de Daños en cosechas siniestradas». (Escuela Universitaria de Ingeniería Técnica Agrícola, 1983.)

GRAFICO 24

RED EXPERIMENTAL DE RADARES DE LOCALIZACION DE TORMENTAS DE GRANIZO EN LAS ZONAS DE DEFENSA EN ESPAÑA (LEVANTE Y VALLE DEL EBRO)

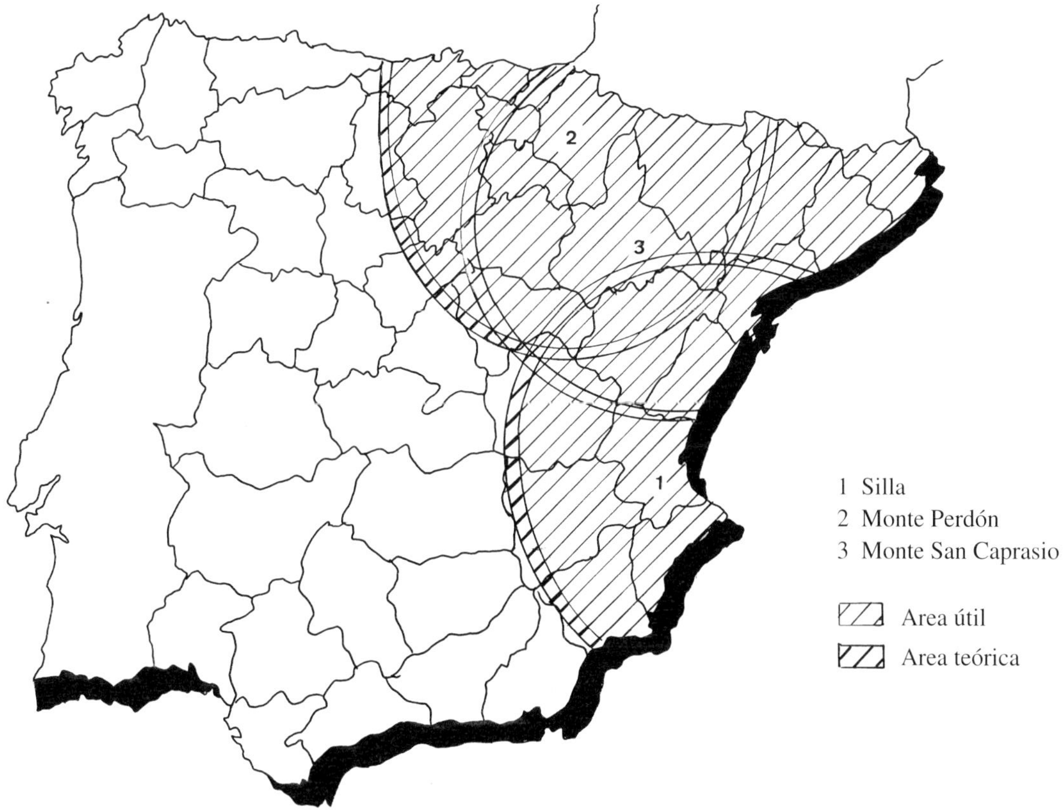

Tomado del «Curso de Peritación de Daños en cosechas siniestradas». (Escuela Universitaria de Ingeniería Técnica Agrícola, 1983.)

GRAFICO 24 bis

AREAS DE ACTUACION DE LAS CAMARAS Y AGRUPACIONES AGRARIAS EN EL PROGRAMA DE DEFENSA ANTI-GRANIZO

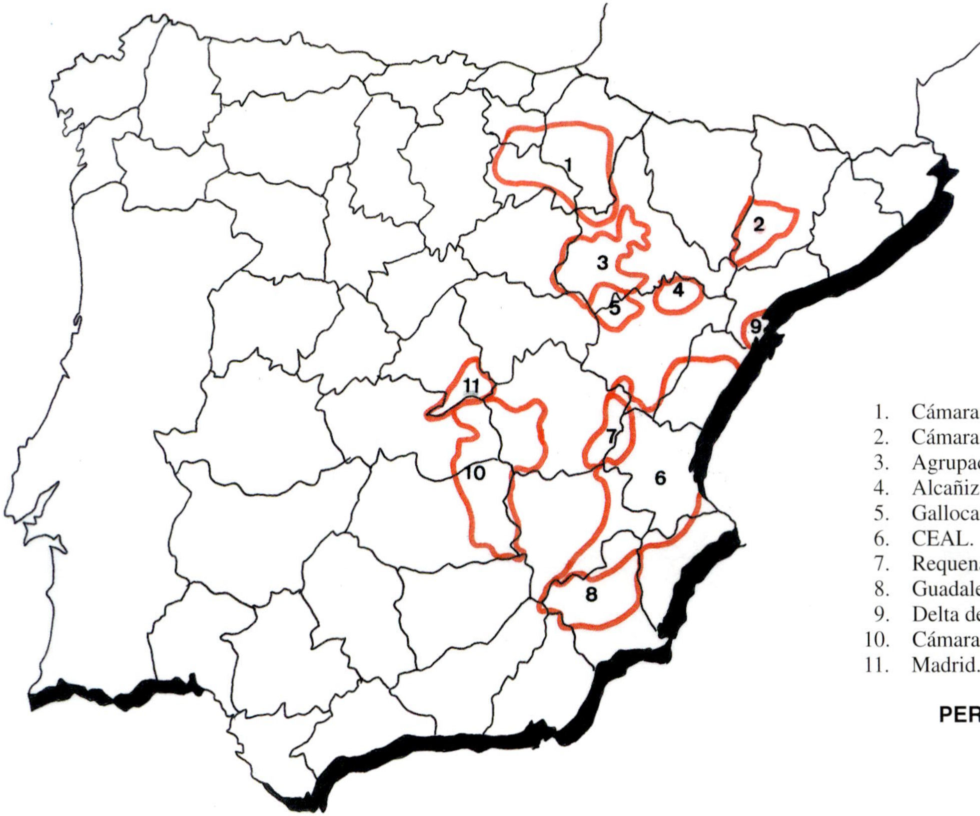

1. Cámaras Alava, Logroño, Navarra.
2. Cámaras Lérida.
3. Agrupaciones Zaragoza.
4. Alcañiz
5. Gallocanta.
6. CEAL.
7. Requena, Utiel, Minglanilla.
8. Guadalentín.
9. Delta del Ebro.
10. Cámaras Cuenca, Toledo, C. Real.
11. Madrid.

PERIODO 1974-1992

Tomado del «Curso de Peritación de Daños en cosechas siniestradas». (Escuela Universitaria de Ingeniería Técnica Agrícola, 1983.)

En la actualidad, sólo son tres las áreas donde se mantiene un sistema de defensa antigranizo, utilizándose, principalmente, los quemadores de IAg:

- En Lérida, a través de la Agrupación de Defensa Vegetal de Les Terres de Ponent.
- En Alava, La Rioja y Navarra, a través del Servicio Interprovincial de defensa antigranizo.
- En Zaragoza, a través de la Agrupación Antigranizo de la provincia.

La situación actual de la defensa antigranizo en España es el resultado de la combinación de diversos factores que han incidido en la evolución de estos programas, tales como la desaparición de las Cámaras Agrarias, la imposibilidad de determinar la eficacia de estos sistemas de protección frente a otras medidas, la existencia de los Seguros Agrarios Combinados (que incluyen el granizo), y la necesidad de obtener permiso de las diversas Confederaciones Hidrográficas para lanzar los cohetes.

Los seguros agrarios

La defensa contra el granizo no sólo es posible abordarla a través de métodos activos como los descritos, sino también, a través de la suscripción de una póliza de Seguro Agrario Combinado, tal y como se describió para el caso de las heladas primaverales.

La siguiente tabla presenta el Plan de Seguros Combinados en vigor en 1996, y las subvenciones concedidas por ENESA:

Producciones	Riesgos	Subvención máxima (%)
Aceituna de almazara	Pedrisco y viento huracanado	40
Aceituna de mesa	Pedrisco y viento huracanado	40
Aguacate	Viento y pedrisco	40
Albaricoque	Helada, pedrisco y viento huracanado	50
Avellano	Viento y pedrisco	40
Cereza	Helada, pedrisco, lluvia y viento huracanado	50
Ciruela	Helada, pedrisco y viento huracanado	50
Cítricos	Helada, pedrisco y viento	50
Kiwi	Helada, pedrisco y viento huracanado	40
Manzana	Helada, pedrisco y viento huracanado	50
Melocotón	Helada, pedrisco y viento huracanado	50
Plátano	Pedrisco y viento huracanado	40
Pera	Helada, pedrisco y viento huracanado	50
Uva de mesa	Helada, pedrisco, viento y lluvia	50
Uva de vinificación	Helada, pedrisco y viento huracanado	50
Viveros	Pedrisco y viento huracanado	40

Para 1997, el nuevo Plan de Seguros Agrarios Combinados, prevee la cobertura de la totalidad de los cultivos frutales en España.

10

LA NIEVE

En la mayor parte de los casos, la nieve es un factor climático beneficioso, ya que templa los fríos intensos, aporta humedad al suelo y evita que éste se congele en profundidad. Sin embargo, y aunque en las zonas frutícolas españolas las nevadas no suelen ser demasiado importantes, hay ocasiones en las que la nieve puede convertirse en un factor peligroso para los árboles.

Daños producidos por la nieve

Un problema ocasional pueden constituirlo las nevadas tempranas en otoño, cuando los árboles no han perdido todavía la hoja, o las nevadas en zonas donde se cultiven especies de hoja perenne (cítricos, olivo, etc.). En estos casos, la nieve puede acumularse sobre la copa, llegando a constituir una carga mecánica adicional importante, que puede originar roturas de ramas y hasta descuajes de árboles enteros, sin solución. El daño se agrava si después de nevar se mantiene el frío intenso, lo que evita el deshielo y alarga el período de tiempo en el que el árbol sufre la carga mecánica de la nieve.

Otro problema importante y muy peligroso en algunos casos (viñedo, plantaciones jóvenes, etc.) puede producirse en nevadas intensas, que cubran el suelo, seguidas de fríos también intensos, que congelan la nieve. En estos casos, *los cuellos de los árboles tapados por la nieve pueden congelarse, con lo que se produce el anillado* de los troncos en su parte baja y la posible muerte de los árboles.

El incremento de carga mecánica que puede suponer la nieve obliga, en los casos en los que este riesgo exista, a aplicar sistemas de poda que eviten la acumulación, haciendo las copas más diáfanas (formas lobuladas) y que consigan esqueletos más robustos (pirámides) o formas apoyadas (setos). Los problemas de congelación de cuello, que son muy peligrosos en países fríos (Canadá, Centroeuropa) obligan a usar portainjertos resistentes al frío y a realizar injertos más altos que los que se realizan en España. En nuestras regiones frutícolas, sin llegar a estos extremos, una práctica corriente, sobre todo en el viñedo, es el *aporcado* otoñal, del que uno de sus fines es el evitar los daños por frío en la zona del *cuello.*

La nieve en España

Como ya hemos indicado, las nevadas no suelen ser en España ni tan frecuentes ni tan intensas como para considerarlas un factor climático prioritario. Sin embargo, la ya comentada práctica del *aporcado,* típica del viñedo en la meseta y en La Mancha, así como en Rioja, refleja un cierto temor al problema del frío, y en Levante y algunas zonas olivareras hay citas ocasionales de daños por acumulación de nieve en naranjas y olivos. El mismo efecto se cita en manzanos de gran desarrollo en la parte alta de la provincia de Burgos (1962) y en los de la comarca de Ademuz (Valencia).

11

CARACTERISTICAS CLIMATICAS DE LAS REGIONES FRUTICOLAS ESPAÑOLAS

Aunque la variabilidad climática de nuestras regiones frutícolas es muy marcada y está muy influida por las modificaciones locales y por las características microclimáticas de cada finca o parcela, se pueden señalar en cada región los factores que constituyen aspectos condicionantes o limitantes para las diferentes especies frutales. Pretendemos a continuación reseñar estos factores, en cada una de nuestras grandes regiones frutícolas, aun siendo conscientes de que dentro de cada una de ellas diversas condiciones topográficas y microclimáticas pueden dar origen a variaciones, a veces de gran importancia en el carácter limitante o condicionante de cada factor en concreto.

1. Región Cantábrica (Galicia, Asturias...)

A. Características termométricas

1. INVIERNO: Bastante largo y húmedo, pero de temperaturas suaves en general.
   - 1.a) *Heladas invernales:* De poca importancia. Temperaturas mínimas invernales de hasta –7° C en el interior; en la zona costera las mínimas no bajan de –5° C.
   - 1.b) *Reposo invernal:* Suficientemente largo en general. Horas frío entre 500 y 1.000. Más marcado en el interior que en las zonas costeras.
   - 1.c) *Período de heladas:* Corto. Entre 80 y 120 días.
2. PRIMAVERA: Húmeda, lluviosa y de temperaturas no demasiado altas.
   - 2.a) *Heladas primaverales:* Poco frecuentes y de poca intensidad en la costa; algo más fuertes en el interior, pero no es, en general, un factor importante.
   - 2.b) *Temperaturas medias:* La T_m del período marzo-mayo es de 9 a 13° C. Las temperaturas máximas son bajas.
3. VERANO: Fresco, húmedo y sin excesos termométricos.
   - 3.a) *Altas temperaturas:* Las temperaturas medias son de entre 18° y 20° C; las temperaturas máximas superan los 30°-32° C raras veces.
   - 3.b) Duración del período vegetativo: Del orden de 240 a 260 días.

B. Régimen pluviométrico

1. PRECIPITACION MEDIA: Entre 800 y 1.200 mm al año.
2. PERIODO DE SEQUIA: Reducido a 30-40 días de julio-agosto.
3. LLUVIAS PRIMAVERALES: Intensas, 15 días de lluvia en abril y 12 en mayo. Precipitación media superior a 120 mm
4. GRADO HIGROMETRICO: Muy alto en general, sobre todo en primavera.

C. Insolación

Regiones en general de baja insolación. Es un problema a considerar siempre en estas zonas.

D. Vientos

Región con poco problema de viento, aunque ocasionalmente los temporales costeros puedan originarlo. Brisas marinas en las áreas próximas al mar.

E. Granizo y pedrisco

Riesgo pequeño normalmente. Algunas granizadas suelen producirse en invierno.

2. Rioja-Navarra (Valle del Alto Ebro)

A. Características termométricas

1. INVIERNO: Largo y con duras heladas. Las temperaturas medias son menores de 10° C de noviembre a marzo, ambos inclusive.
   1.a) *Heladas invernales:* Muy fuertes, superan con facilidad los –10° C, alcanzando a veces valores de hasta –16° C.
   1.b) *Reposo invernal:* No hay ningún problema por falta de reposo.
   1.c) *Período de heladas:* Largo, dura desde octubre hasta abril.
2. PRIMAVERA: Suave y bastante lluviosa. Las temperaturas suben marcadamente en mayo.
   2.a) *Heladas primaverales:* Frecuentes en marzo y abril. Las últimas heladas se producen generalmente en la segunda decena de abril (–3° C).
   2.b) *Temperaturas medias:* Oscilan entre 8° y 15° C. Las máximas pueden superar los 30° C en mayo.
3. VERANO: Caluroso sin exceso; ambiente seco.
   3.a) *Altas temperaturas:* Las temperaturas medias oscilan entre 18° y 20° C. Las máximas absolutas superan con facilidad los 35° C y alcanzan los 40° C.
   3.b) *Duración del período vegetativo:* Entre 220 y 240 días.

B. Régimen pluviométrico

1. PRECIPITACION MEDIA: Entre 400 mm en Logroño y 800 mm en Pamplona.
2. PERIODO DE SEQUIA: Dura de 70 a 90 días, entre junio y septiembre.
3. LLUVIAS PRIMAVERALES: Bastante intensas. Entre 120 y 230 mm en el período marzo-mayo.
4. GRADO HIGROMETRICO: Valores medios entre 60 y 80 %. Bastante estable en el período vegetativo.

C. Insolación

Región bien soleada, sin problemas de exceso de insolación.

D. Vientos

Región poco ventosa. No suelen presentarse problemas debidos al viento.

E. Granizo y pedrisco

Frecuentes en algunas áreas concretas. Factor a tener en cuenta localmente; peligroso en algunos valles de afluentes del Ebro.

3. Valle medio del Ebro (Aragón)

A. Características termométricas

1. INVIERNO: Largo y con fuertes heladas. Las temperaturas medias son menores de 10° C de noviembre a marzo.
   - 1.a) *Heladas invernales:* Muy fuertes, superan con frecuencia los –10° C, llegando a veces hasta –16° C.
   - 1.b) *Reposo invernal:* No hay ningún problema por falta de reposo.
   - 1.c) *Período de heladas:* Largo; dura desde octubre hasta abril.
2. PRIMAVERA: Irregular, con fuertes oscilaciones de temperaturas.
   - 2.a) *Heladas primaverales:* Frecuentes en marzo y abril, y hasta en la primera decena de mayo. Alto riesgo.
   - 2.b) *Temperaturas medias:* Oscilan entre 8° y 15° C. Las máximas superan los 30° C en abril y mayo.
3. VERANO: Muy caluroso y seco de mayo a septiembre. Las temperaturas medias superan en este período los 20° C.
   - 3.a) *Altas temperaturas:* Muy elevadas. Se superan con frecuencia los 35° C y se alcanzan los 40° C.
   - 3.b) *Duración del período vegetativo:* Entre 220 y 240 días.

B. Régimen pluviométrico

1. PRECIPITACION MEDIA: Entre 300 y 480 mm, según zonas.
2. PERIODO DE SEQUIA: Llega a durar 100/120 días, entre junio y septiembre.
3. LLUVIAS PRIMAVERALES: No demasiado intensas, entre 90 y 150 mm en el período marzo-mayo. Más fuertes en mayo.
4. GRADO HIGROMETRICO: Valores medios entre 60 y 80 %. Bastante estable, con nieblas matinales frecuentes.

C. Insolación

Región de fuerte insolación en verano.

D. Vientos

Muy frecuentes e intensos. Es un factor a considerar en la zona.

E. Granizo y pedrisco

Frecuentes en algunas áreas concretas. Factor a tener en cuenta siempre en la zona.

4. Región de Lérida

A. Características termométricas

1. INVIERNO: Largo y con fuertes heladas. Las temperaturas medias son menores de 10° C de noviembre a febrero.
   1.a) *Heladas invernales:* Intensas; alcanzan los–10° C con cierta frecuencia.
   1.b) *Reposo invernal:* No hay ningún problema por falta de reposo.
   1.c) *Período de heladas:* Largo; dura desde octubre a finales de marzo.
2. PRIMAVERA: Irregular, pero bastante templada.
   2.a) *Heladas primaverales:* Frecuentes en marzo y en algunas localidades aun en abril.
   2.b) *Temperaturas medias:* Por encima de 11° C. Las máximas superan los 30° C en mayo.
3. VERANO: Cálido y seco. Las temperaturas medias superan los 20° C.
   3.a) *Altas temperaturas:* Muy altas. Se superan con frecuencia los 35° C y se alcanzan los 40° C.
   3.b) *Duración del período vegetativo:* Del orden de 250 días.

B. Régimen pluviométrico

1. PRECIPITACION MEDIA: Entre 350 y 500 mm, según las distintas localidades.
2. PERIODO DE SEQUIA: Suele durar entre 60 y 90 días, a partir de mediados de junio.
3. LLUVIAS PRIMAVERALES: No demasiado intensas; del orden de 100 mm, entre marzo y mayo.
4. GRADO HIGROMETRICO: Valores medios entre 55 y 80 %. Elevado en primavera, con frecuentes nieblas.

C. Insolación

Bastante fuerte en verano y primavera.

D. Vientos

No es zona demasiado ventosa. Algunos problemas en localidades concretas.

E. Granizo y pedrisco

Frecuente en algunas áreas concretas. Factor a tener en cuenta.

5. Región costera catalana

A. Características termométricas

1. INVIERNO: Templado y suave. Las temperaturas medias son del orden de 10° C.
   1.a) *Heladas invernales:* Poco intensas. No suelen descender por debajo de –4° C.
   1.b) *Reposo invernal:* Algunos problemas por falta de reposo en variedades exigentes. Entre 500 y 1.000 horas por debajo de 7° C.
   1.c) *Período de heladas:* De noviembre a febrero. En general, no supera los 90 días.
2. PRIMAVERA: Suave y cálida. Bastante regular.
   2.a) *Heladas primaverales:* Muy poco frecuentes y poco intensas (–2° C). En marzo y abril el riesgo es pequeño.
   2.b) *Temperaturas medias:* Superior a 12° C. Las máximas superan los 30° C en mayo.
3. VERANO: Cálido y no demasiado seco. Temperaturas estables y sin grandes variaciones.
   3.a) *Altas temperaturas:* No demasiado elevadas. No es frecuente superar los 36° C.
   3.b) *Duración del período vegetativo:* Más de 300 días.

B. Régimen pluviométrico

1. PRECIPITACION MEDIA: De 600 a 800 mm, según subzonas.
2. PERIODO DE SEQUIA: Marcado en julio y agosto y de diciembre a febrero.
3. LLUVIAS PRIMAVERALES: Bastante intensas; 150 mm de febrero a abril.
4. GRADO HIGROMETRICO: Casi siempre superior al 70 %. Alto en primavera y otoño. Frecuentes nieblas.

C. Insolación

Muy buena en general. No suele haber problemas ni por defecto ni por exceso.

D. Vientos

Problema de brisas marinas en general. Areas de vientos a tener en cuenta.

E. Granizo y pedrisco

No se suelen presentar problemas.

6. Región de Levante

A. Características termométricas

1. INVIERNO: Templado y suave. Las temperaturas medias son siempre superiores a 10° C. Las máximas alcanzan fácilmente los 25° C.
   1.a) *Heladas invernales:* Muy ligeras. Las mínimas no suelen descender por debajo de –5° C.
   1.b) *Reposo invernal:* Escaso. Las *horas-frío* son alrededor de 500, pero hay frecuentes períodos cálidos y años de invierno suave.
   1.c) *Período de heladas:* Corto, dura entre diciembre y febrero.
2. PRIMAVERA: Cálida y seca. Temperaturas máximas altas; se superan fácilmente los 25° C.
   2.a) *Heladas primaverales:* Poco frecuentes y ligeras (–2° C). Es zona temprana.
   2.b) *Temperaturas medias:* Superiores a los 12° C en marzo y abril. Bastante estables.
3. VERANO: Largo y cálido. Las medias superan los 20° C de junio a septiembre.
   3.a) *Altas temperaturas:* Se superan con frecuencia los 32° C y se alcanzan los 38° C.
   3.b) *Duración del período vegetativo:* Más de 300 días.

B. Régimen pluviométrico

1. PRECIPITACION MEDIA: Entre 350 mm en las zonas más secas, y 450 en las más húmedas.
2. PERIODO DE SEQUIA: Largo y marcado. Supera normalmente los 100 días entre mayo y septiembre. En verano la lluvia es casi nula.
3. LLUVIAS PRIMAVERALES: Muy escasas. No suelen superar los 60 mm entre marzo y abril.
4. GRADO HIGROMETRICO: Bastante estable a lo largo del año. El valor medio es del 70 %.

C. Insolación

Región muy soleada, con alto porcentaje de días despejados, en pleno verano puede llegar a ser excesiva.

D. Vientos

Región no demasiado ventosa. Brisas marinas en las áreas costeras.

E. Granizo y pedrisco

Muy peligroso en valles y áreas interiores. Problema muy grave en localidades concretas.

7. Región Murciana

A. Características termométricas

1. INVIERNO: Muy templado y suave. Temperaturas medias superiores a 10° C y máximas superiores a 25° C.
   1.a) *Heladas invernales:* Muy ligeras, no suelen descender por debajo de –5° C.
   1.b) *Reposo invernal:* Muy escaso. Es menor de 500 *horas-frío*. Frecuentes períodos cálidos y años de invierno muy suave.
   1.c) *Período de heladas:* Corto; dura de diciembre a marzo.
2. PRIMAVERA: Cálida y seca. Se superan fácilmente los 30° C.
   2.a) *Heladas primaverales:* Poco frecuentes en la zona baja. Más normales en el interior. Las últimas heladas se producen a primeros de marzo.
   2.b) *Temperaturas medias:* Superiores a 13° C. Bastante estables.
3. VERANO: Largo, cálido y seco. Medias superiores a 20° C durante toda la estación.
   3.a) *Altas temperaturas:* Muy fuertes. Se superan con frecuencia los 35° C y se alcanzan los 40° C.
   3.b) *Duración del período vegetativo:* Muy larga. Dura más de 300 días.

B. Régimen pluviométrico

1. PRECIPITACION MEDIA: Del orden de 300 mm.
2. PERIODO DE SEQUIA: Largo y muy marcado. Más de 100 días, de mayo a septiembre.
3. LLUVIAS PRIMAVERALES: Escasas. No superan los 50 mm entre marzo y abril. Tormentas frecuentes en mayo.
4. GRADO HIGROMETRICO: Bajo en verano, sobre el 60 %.

C. Insolación

Región muy soleada durante todo el año. Muy intensa en verano. Problemas frecuentes de exceso.

D. Vientos

No demasiado ventosa. Brisas marinas cerca de la costa, pero sin graves problemas en el interior.

E. Granizo y pedrisco

Región de graves riesgos en los valles interiores. Tormentas muy frecuentes.

8. Andalucía Oriental (zona costera)

A. Características termométricas

1. INVIERNO: Templado-cálido. Las medias son del orden de 13° C, con máximas de 25° C.
   - 1.a) *Heladas invernales:* Casi inexistentes; cuando se producen, son ligeras.
   - 1.b) *Reposo invernal:* Es un área casi subtropical. El reposo es inferior a 200 *horas-frío,* como cifra media.
   - 1.c) *Período de heladas:* Prácticamente nulo.
2. PRIMAVERA: Cálida y estable. Las temperaturas máximas son próximas a 30° C.
   - 2.a) *Heladas primaverales:* No se producen o son ligerísimas.
   - 2.b) *Temperaturas medias:* Uniformes; próximas a los 15° C.
3. VERANO: Largo, cálido, soleado y seco. Las temperaturas medias alcanzan valores de 25° C.
   - 3.a) *Altas temperaturas:* Se alcanzan los 40° C y se superan frecuentemente los 35° C.
   - 3.b) *Duración del período vegetativo:* Vegetación continua prácticamente. La duración media es de más de 330 días.

B. Régimen pluviométrico

1. PRECIPITACION MEDIA: Entre 200 y 400 mm, según zonas. Muy baja, irregular y con largas sequías.
2. PERIODO DE SEQUIA: Muy largo, hasta 200 días en algunas localidades.
3. LLUVIAS PRIMAVERALES: Escasas, y en ocasiones torrenciales.
4. GRADO HIGROMETRICO: Alto en las zonas próximas al mar. Valores medios del 65 al 70 %.

C. Insolación

Muy intensa y persistente. Excesiva en frecuentes ocasiones. Factor a considerar.

D. Vientos

No es región demasiado ventosa, pero se producen a veces vientos cálidos y secos, que afectan la producción.

E. Granizo y pedrisco

No suelen presentarse problemas.

9. Andalucía Occidental (Huelva, Sevilla, Cádiz)

A. Características termométricas

1. INVIERNO: Templado y suave. Medias de 10° a 12° C y máximas de 25° C.
   1.a) *Heladas invernales:* Muy ligeras. Las mínimas no bajan de –5° C.
   1.b) *Reposo invernal:* Muy poco marcado. No se superan las 300 *horas-frío,* con frecuentes intervalos cálidos y años de invierno muy suave.
   1.c) *Período de heladas:* Breve, no más de 60 días en diciembre y enero.
2. PRIMAVERA: Templada y húmeda. Las temperaturas máximas superan los 30° C. Es larga y temprana.
   2.a) *Heladas primaverales:* No se producen.
   2.b) *Temperaturas medias:* Del orden de 12° a 15° C.
3. VERANO: Muy cálido y seco. Las medias en verano son próximas a 25° C.
   3.a) *Altas temperaturas:* Se superan con mucha frecuencia los 40° C. Son muy fuertes y duraderas. Poco contraste entre el día y la noche.
   3.b) *Duración del período vegetativo:* Más de 300 días.

B. Régimen pluviométrico

1. PRECIPITACION MEDIA: Entre 450 y 550 mm, según zonas. Lluvias intensas en invierno y primavera.
2. PERIODO DE SEQUIA: Muy marcado en verano. Las lluvias son casi nulas desde mayo a septiembre.
3. LLUVIAS PRIMAVERALES: Intensas. Entre 150 y 200 mm de media en la primavera.
4. GRADO HIGROMETRICO: Bastante alto, excepto en el verano.

C. Insolación

Muy fuerte y sostenida, con muchos días despejados. Factor a tener en cuenta.

D. Vientos

Poco problema de vientos, salvo en áreas localizadas cerca del mar. Vientos cálidos y secos en verano.

E. Granizo y pedrisco

Muy poco frecuente.

10. Extremadura (Vegas Bajas)

A. Características termométricas

1. INVIERNO: Suave. Temperaturas medias de 8° a 10° C con máximas superiores a 20° C.
   - 1.a) *Heladas invernales:* Relativamente intensas. Llegan a alcanzar –7° C.
   - 1.b) *Reposo invernal:* Se producen algunos problemas. El reposo oscila entre 650 y 800 *horas-frío,* pero hay períodos cálidos y algunos inviernos son muy suaves.
   - 1.c) *Período de heladas:* Puede durar hasta mediados de marzo.
2. PRIMAVERA: Templada y húmeda. Las temperaturas máximas superan los 30° C.
   - 2.a) *Heladas primaverales:* Ligeras (–4° C), pero no infrecuentes. Peligrosas por lo precoz de la floración.
   - 2.b) *Temperaturas medias:* De 10° a 15° C.
3. VERANO: Muy cálido, extremado y seco. Las temperaturas medias rondan los 25° C.
   - 3.a) *Altas temperaturas:* Son muy fuertes. Se superan con frecuencia los 40° C. El verano es muy largo.
   - 3.b) *Duración del período vegetativo:* Del orden de 300 días.

B. Régimen pluviométrico

1. PRECIPITACION MEDIA: Entre 500 y 600 mm anuales, según zonas.
2. PERIODO DE SEQUIA: Largo y pronunciado, de junio a septiembre.
3. LLUVIAS PRIMAVERALES: Bastante intensas. Se superan los 100 mm en marzo y abril.
4. GRADO HIGROMETRICO: Elevado en invierno y primavera. Bajo en verano. Nieblas matinales muy frecuentes.

C. Insolación

Muy fuerte en verano. Problemas frecuentes de exceso. Factor a considerar siempre en la zona.

D. Vientos

Poco frecuentes.

E. Granizo y pedrisco

Muy poco frecuentes.

11. La Mancha

A. Características termométricas

1. INVIERNO: Duro, largo e irregular. Temperaturas medias del orden de 6° C, con máximas de hasta 20° C.
   1.a) *Heladas primaverales:* Muy frecuentes e intensas. Se alcanzan hasta –16° C.
   1.b) *Reposo invernal:* No hay ningún problema. Se superan las mil quinientas *horas-frío.*
   1.c) *Período de heladas:* Muy largo. Dura de octubre hasta abril.
2. PRIMAVERA: Irregular, con grandes contrastes. Las temperaturas máximas pueden llegar a los 30° C.
   2.a) *Heladas primaverales:* Muy frecuentes e intensas. Pueden llegar fácilmente a –6° C y producirse hasta la primera quincena de mayo.
   2.b) *Temperaturas medias:* Del orden de 10° C.
3. VERANO: Muy caluroso y seco. Extremado. Se superan con frecuencia los 40° C y las medias los 20° C.
   3.a) *Altas temperaturas:* Muy fuertes y duraderas.
   3.b) *Duración del período vegetativo:* Entre 200 y 250 días.

B. Régimen pluviométrico

1. PRECIPITACION MEDIA: Sobre 400 mm. anuales. Reparto irregular.
2. PERIODO DE SEQUIA: Muy marcado y largo en verano. Lluvias casi nulas en julio y agosto.
3. LLUVIAS PRIMAVERALES: Escasa e irregular. No se alcanzan los 100 mm.
4. GRADO HIGROMETRICO: Muy bajo en verano.

C. Insolación

Fuerte y sostenido en verano. Frecuentes problemas de exceso.

D. Vientos

Región poco afectada por vientos.

E. Granizo y pedrisco

Frecuentes. Algunas áreas muy peligrosas. Factor a tener en cuenta en la zona.

12. La Meseta Central (Castilla, León)

A. Características termométricas

Propias de clima continental extremado.

1. INVIERNO: Duro, largo e irregular. Las temperaturas medias no llegan a 6°, y las máximas no pasan de 20° C.
   - 1.a) *Heladas invernales:* Frecuentes e intensas. Las mínimas absolutas superan los –10° C.
   - 1.b) *Reposo invernal:* No hay ningún problema. Se superan las mil quinientas *horas-frío.*
   - 1.c) *Período de heladas:* Muy largo. De noviembre a abril, y aún a mayo.
2. PRIMAVERA: Irregular, tardía, con grandes contrastes. Se llegan a alcanzar los 30° C.
   - 2.a) *Heladas primaverales:* Muy frecuentes e intensas. Se producen aún en mayo y se superan los –6° C.
   - 2.b) *Temperaturas medias:* Del orden de 10° C.
3. VERANO: Caluroso y seco.
   - 3.a) *Altas temperaturas:* Se superan con frecuencia los 35° C, sin sobrepasar los 40° C.
   - 3.b) *Duración del período vegetativo:* Del orden de 200 días.

B. Régimen pluviométrico

1. PRECIPITACION MEDIA: Entre 400 y 600 mm, anuales, según zonas.
2. PERIODO DE SEQUIA: Pronunciado, de junio a septiembre. Menos de 100 mm en este período.
3. LLUVIAS PRIMAVERALES: No demasiado intensas. Del orden de 100 mm.
4. GRADO HIGROMETRICO: Bajo en verano. Nieblas frecuentes en las zonas bajas en primavera.

Insolación

Fuerte y sostenida en verano. Es clima luminoso, con algunos excesos.

D. Vientos

Poco afectada por los vientos, salvo en áreas concretas.

E. Granizo y pedrisco

No demasiado frecuente.

13. Andalucía (zona interior)

A. Características termométricas

1. INVIERNO: Templado, con descensos termométricos importantes. Medias del orden de 10° C y máximas entre 20° y 25° C.
   - 1.a) *Heladas invernales:* Frecuentes e intensas. Se superan los –8° C.
   - 1.b) *Reposo invernal:* No hay problema. Alrededor de mil *horas-frío,* con algunos inviernos cálidos.
   - 1.c) *Período de heladas:* De diciembre a marzo, normalmente.
2. PRIMAVERA: Cálida y húmeda. Se superan con frecuencia los 30° C.
   - 2.a) *Heladas primaverales:* Frecuentes; llegan a producirse aún en abril y pueden alcanzar los –4° C.
   - 2.b) *Temperaturas medias:* Entre 12° y 14° C.
3. VERANO: Largo, caluroso y seco. Extremado. Las medias son próximas a 25° C.
   - 3.a) *Altas temperaturas:* Muy elevadas y frecuentes. Se superan los 40° C con normalidad.
   - 3.b) *Duración del período vegetativo:* Entre 250 y 300 días.

B. Régimen pluviométrico

1. PRECIPITACION MEDIA: Entre 400 y 600 mm, según zonas.
2. PERIODO DE SEQUIA: Muy marcado en verano. No llueve en julio y agosto.
3. LLUVIAS PRIMAVERALES: Intensas, se superan los 150 mm.
4. GRADO HIGROMETRICO: Bajo en verano. Ambiente muy seco.

C. Insolación

Muy fuerte y mantenida. Frecuentes problemas de exceso.

D. Vientos

No es región demasiado ventosa. Vientos solanos cálidos en verano.

E. Granizo y pedrisco

Poco frecuente.

14. Las Islas Canarias

A. Características termométricas

Multiplicidad de microclimas, en función de la altitud y orientación.

1. INVIERNO; Muy suave y estable. Las temperaturas medias son del orden de 20° C todo el año.
   1.a) *Heladas invernales:* No existen prácticamente.
   1.b) *Reposo invernal:* Muy escaso en general. Condiciones climáticas casi subtropicales.
   1.c) *Período de heladas:* No existe.
2. PRIMAVERA: Suave y estable. Las mínimas no bajan de 10° C y las máximas son del orden de 30° C.
   2.a) *Heladas primaverales:* No existen.
   2.b) *Temperaturas medias:* Próximas a 20° C.
3. VERANO: No demasiado caluroso.
   3.a) *Altas temperaturas:* Entre 35° y 40° C.
   3.b) *Duración del período vegetativo:* Todo el año.

B. Régimen pluviométrico

1. PRECIPITACION MEDIA: Muy baja. De 200 a 300 mm.
2. PERIODO DE SEQUIA: Muy largo. No se producen lluvias de abril a octubre.
3. LLUVIAS PRIMAVERALES: Muy escasas.
4. GRADO HIGROMETRICO: Muy alto en general. Ambiente húmedo, sobre todo en las vertientes Norte de las islas.

C. Insolación

Muy alta. Alto porcentaje de días despejados.

D. Vientos

Importante incidencia de vientos. Factor a considerar.

E. Granizo y pedrisco

Infrecuente.

SEGUNDA PARTE

LAS CARACTERISTICAS EDAFOLOGICAS

12

LAS CARACTERISTICAS EDAFOLOGICAS Y EL ESTUDIO DEL SUELO

Igual que ocurre en el análisis del clima, al realizar los estudios edafológicos nos encontramos con grandes diferencias prácticas, si éstos tienen como finalidad su aplicación a cultivos frutales, en comparación con los análisis aplicados a cultivos herbáceos. En el caso de los frutales, su carácter perenne y su muy superior anclaje hacen que los aspectos edafológicos tengan una mayor incidencia por la acumulación de efectos a lo largo del tiempo y por la posible influencia de aspectos desfavorables, situados más profundos que el horizonte labrado.

Sin embargo, así como contra los efectos perniciosos de los factores climáticos es difícil luchar, en la mayor parte de los casos, cuando se presenten factores edafológicos desfavorables, salvo situaciones extremas, la corrección es más viable. Normalmente, excepto cuando hay claras limitaciones en la profundidad o problemas acusados de salinidad, en el resto de los casos la corrección depende más de las posibilidades económicas que de las dificultades técnicas. De todas formas, el diagnóstico final y las soluciones que podemos adoptar dependen del análisis factor por factor y de su integración para el conocimiento completo del suelo.

Todos y cada uno de los aspectos edafológicos tienen su importancia en ese conocimiento integral; sin embargo, para el cultivo frutal hay cinco aspectos que integran los demás y que resultan mucho más definitorios para conocer la capacidad o incapacidad frutícola de un suelo determinado. Esos cinco componentes son:

- La profundidad libre.
- La permeabilidad.
- El contenido de caliza y el valor del pH.
- La fertilidad.
- La salinidad.

Al igual que en el análisis de los factores climáticos, individualizamos su estudio a continuación para poder llegar a matizar su carácter *limitante* o *condicionante* en cada caso.

1. La profundidad del suelo

En el estudio de las características edafológicas relativo al cultivo frutal, el concepto de profundidad no es exactamente igual al que se utiliza en el cultivo herbáceo. En éste, nos referimos normalmente a la profundidad del horizonte labrado; mientras que cuando tratamos del cultivo frutal hablamos siempre del espesor, del conjunto de horizontes, del perfil del suelo, que la raíces pueden explorar sin limitación de ningún tipo.

La posibilidad de penetración radicular puede estar limitada por diversas circunstancias:

A. *Limitación mecánica.*–La presencia de roca-madre, de un horizonte petrocálcico o de un horizonte tan compactado que las raíces no puedan penetrarlo puede condicionar la expansión en profundidad del sistema radicular, que se verá obligado a mantenerse en los horizontes situados por encima del obstáculo.

B. *Limitación química.*–Puede constituirla la presencia de un horizonte salino o calizo en extremo, de tal manera que resulte fitotóxico para las raíces.

C. *Limitación fisiológica.*–La origina la falta de aireación en un horizonte por acumulación de agua o la presencia de una capa freática alta. En ambos casos, las raíces sometidas a esta situación mueren por asfixia, pudiendo sólo sobrevivir aquéllas situadas por encima del horizonte sin oxígeno.

En función de la presencia de estas limitaciones, los suelos pueden o no presentar una profundidad libre suficiente para los árboles frutales. En líneas generales, se considera que un suelo con menos de 50 centímetros de profundidad libre es limitante para los frutales; éstos no son capaces ni de anclarse ni de sobrevivir en esta situación. Si la profundidad libre es del orden de un metro, estamos en una situación límite, en la que algunos frutales pueden cultivarse siempre que la fertilidad sea suficiente; mientras que los de enraizamiento pivotante disponen de, al menos 1,50 metros de perfil, sin obstáculos para la penetración, en general, no hay problemas insalvables de falta de profundidad.

Determinación de la profundidad de suelo

La valoración de la profundidad disponible debe hacerse por observación directa del perfil, mediante la apertura de calicatas. Estas, a ser posible, deben superar 1,50 metros de profundidad y deben realizarse en invierno, con objeto

GRAFICO 25

LIMITACION AL DESARROLLO RADICULAR EN SUELOS POCO PROFUNDOS

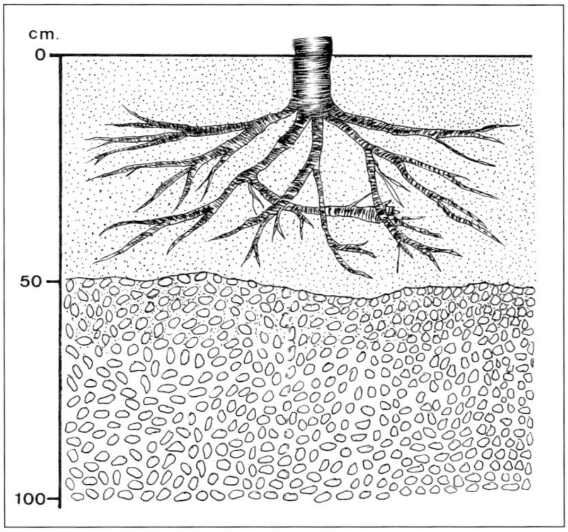

Desarrollo de un sistema radicular de melocotonero en un suelo cuya profundidad está limitada mecánicamente por la presencia de un horizonte compacto a 50 cm.

de poder apreciar el nivel freático. El número de calicatas debe ser el suficiente para poder tener la seguridad de que no falseamos la realidad de una determinada parcela, y su ejecución debe ajustarse a las normas clásicas de los estudios edafológicos.

Soluciones posibles a la falta de profundidad

La falta de profundidad de un suelo es un factor claramente limitante en el cultivo frutal. Cuando esta falta está ocasionada por la presencia de roca-madre, o por la presencia de horizontes salinos o calizos en exceso, normalmente el problema no tiene solución, y es mejor buscar otras áreas para establecer plantaciones frutales.

Cuando la limitación de profundidad está originada por horizontes compactos o petro-cálcicos, su eliminación será o no factible, dependiendo de la profundidad a la que estén situados y de la potencia del horizonte en cuestión. A veces, un simple subsolado puede solucionar o, al menos paliar, el problema. Si ello no puede ser así, el factor habrá de ser también considerado como limitante.

Foto 12.1.–Desarrollos radiculares horizontales típicos de árboles cultivados en suelos poco profundos.

En el caso de horizontes impermeables o presencia de niveles freáticos altos, la solución, si es viable, tiene que pasar por la instalación de redes de desagüe o drenaje abiertas o enterradas. En muchos de estos casos el problema es solucionable técnicamente, pero la inversión suele ser tan elevada que difícilmente puede considerarse como rentable.

2. La permeabilidad

Al igual que en el caso de la profundidad, también en este aspecto hay que referirse a la permeabilidad como una característica del perfil del suelo en su conjunto, y no como la de alguno de sus horizontes. En efecto, en el caso de las plantaciones frutales, esta característica condiciona los movimientos del agua en el suelo y, en consecuencia, la cantidad de oxígeno disponible en éste a nivel radicular; dado que el oxígeno resulta imprescindible para la supervivencia de las raíces, que sin él mueren por asfixia, una buena permeabilidad es condición básica para el cultivo frutal.

La permeabilidad mide la velocidad de penetración del agua en un suelo determinado; normalmente, se expresa en centímetros/hora, y en cultivo frutal se admiten como valores aconsejables los comprendidos entre 5 y 15 centímetros/hora, siendo los valores inferiores a 5 centímetros/hora propios de suelos arcillosos y pesados, en los que los problemas de asfixia son frecuentes, mientras que valores superiores a 25 centímetros/hora son propios de suelos demasiado arenosos, normalmente poco fértiles para cultivo frutal, debido al lavado continuo de elementos nutritivos.

La falta de permeabilidad de los suelos constituye la causa más frecuente del fracaso de las plantaciones frutales; puede estar originada por varias circunstancias, de las que las más frecuentes son:

a) Presencia de algún horizonte impermeable en el perfil.
b) Presencia de *suela de labor,* originada por el cultivo.
c) Textura demasiado pesada (limosa o arcillosa).
d) Estructura continua.

En los dos primeros casos, es decir, cuando en el perfil del suelo hay un horizonte poco permeable o *suela de labor* causada por el cultivo, el agua de lluvia o de riego satura rápidamente los horizontes superiores situados encima del obstáculo. Este limita además la profundidad de enraizamiento y las raíces localizadas en la zona saturada, al no disponer de oxígeno, mueren por asfixia. El suelo puede o no mantenerse encharcado en función de la profundidad a la que el obstáculo se encuentre, pero en cualquier caso el sistema radicular se encuentra en muy malas condiciones de supervivencia.

En el caso de suelos demasiado pesados o de mala estructura, todo el perfil adolece de poca permeabilidad. El agua penetra muy lentamente y la lluvia o riegos importantes encharcan el terreno superficialmente durante mucho tiempo.

En estas condiciones, las raíces profundas pueden recibir muy poca agua, y tanto éstas como las más superficiales reciben poco oxígeno. Estos suelos son difíciles de regar en verano; pero su máximo peligro puede ser el largo encharcamiento durante inviernos lluviosos.

La falta de oxígeno en el suelo originada por una mala penetración del aire, causada a su vez por la saturación de agua bien procedente de la mala permeabilidad del perfil o de la falta de percolación en profundidad es, en general, nefasta para el sistema radicular, aunque las diversas especies tienen diferente sensibilidad a la falta de oxígeno. Esta sensibilidad crece en todos los casos con la temperatura, ya que las raíces necesitan más oxígeno cuanto mayor es la temperatura del suelo, que, a su vez, depende de la del ambiente. Esto explica que la sensibilidad a la asfixia sea en todas las especies muy superior durante el período de actividad vegetativa, época en la que la transpiración es muy activa, mientras que durante el reposo invernal esta sensibilidad es menos marcada. Como término medio, los trabajos experimentales han demostrado que todas las especies frutales de zona templada sufren serios daños si durante la actividad vegetativa se mantienen con el suelo por encima de la capacidad de campo durante diez o quince días; daños que son tanto más graves cuanto más altas son las temperaturas. Este peligro debe condicionar seriamente el cultivo de regadío en aquellas zonas de suelos arcillosos, con riegos a pie, dados con grandes volúmenes de agua, con los cuales pueden producirse largos encharcamientos sobre todo si coinciden con eventuales tormentas de verano.

Durante el período de reposo en invierno la sensibilidad a la asfixia es menos marcada y mucho más variable. Para producirse daños por asfixia en esta época son precisos períodos más largos de tiempo con el suelo por encima de la capacidad de campo, que varían entre setenta y cinco días para especies más sensibles hasta ciento veinticinco días para especies resistentes. A pesar de ello, los casos de muerte por asfixia son más frecuentes en esta época, ya que la mayor pluviometría, combinada con las bajas temperaturas, menor insolación y días más cortos, hace relativamente fácil que esos largos períodos se produzcan con facilidad en suelos pesados y climas húmedos. En general, los suelos con mala permeabilidad son claramente limitantes en fruticultura, lo cual hace aconsejable conocer al grado de resistencia relativa de las diversas especies a este problema, con objeto de, en la medida de lo posible, poder adaptarnos a cada situación concreta.

Efectos producidos por la falta de permeabilidad

La escasez de oxígeno en el suelo trae como consecuencia la asfixia radicular; inicialmente, mueren por esta razón las raíces más finas, pero si las condiciones de anaerobiosis persisten, mueren también las raíces fibrosas y aun las más gruesas, con lo que la absorción y traslocación radicular quedan seriamente afectadas. La asfixia puede dañar parte del sistema radicular o su totalidad. En el primer caso, si los daños no son demasiado severos, puede producirse una regeneración, sobre todo si las condiciones del suelo mejoran, pero si el porcentaje de sistema radicular dañado es alto, los daños son irreversibles y el árbol muere.

Cuando el encharcamiento y la asfixia se producen durante el invierno, el árbol puede brotar al llegar la primavera, a expensas de las reservas de la madera. La brotación es en este caso pobre, y si no hay regeneración radicular, se va debilitando progresivamente, muriendo el árbol en dos o tres semanas. Si el daño se produce durante el período vegetativo, el árbol puede manifestar clorosis y deprimirse lentamente o, por el contrario, morir en muy pocos días, cuando la asfixia es total. Encharcamientos moderados o cortos en el tiempo originan clorosis, progresivas caídas de fruta y defoliaciones, según la época en que se producen y la especie frutal afectada.

Los problemas de la asfixia radicular son problemas graves, muchas veces irreversibles y que casi siempre deben considerarse como limitantes del

GRAFICO 26

SENSIBILIDAD A LA ASFIXIA RADICULAR DE DIFERENTES PORTAINJERTOS DE FRUTALES DE HUESO Y PEPITA

	Límite de resistencia a la asfixia por inmersión en terreno arenoso (n.° de días)	**Comparación aproximada con los frutales de pepita**
125		Membrillero
120	Ciruelo Mariana (P8/1) y selecciones americanas 26.24	
115	Ciruelo Mirabolan (semilla) Ciruelo común	EM VII MM 106
110	Mirobolan B - Damas - Brompton San Julián (de semilla) y clon 655-2	Manzano Franco
100	Prunus Cerassus	EM II - MM 104
95	Prunus Avium (semilla)	EM IX - MM 109 - MM 111
90		
85	Melocotonero × Almendro 677 Albaricoquero (semilla)	
80	Melocotonero Franco (GF-305)	
75	Almendro Franco - P. Mahaleb	

cultivo. Los suelos con mala permeabilidad, problemas de drenaje, capa freática o alta o simplemente pesados y arcillosos no son adecuados para los frutales, que pueden vivir en muchos tipos de suelos, siempre que sean *profundos y sanos.*

Indices de medida aplicables

La mejor apreciación que puede hacerse de la permeabilidad de un suelo es la medida directa de ésta *in situ,* combinada con la observación del perfil para apreciar los horizontes que lo componen y las eventuales limitaciones u obstáculos a la penetración radicular y a la percolación del agua. La observación y medida deberían hacerse en invierno, después de un período de lluvias abundantes.

GRAFICO 27

ELIMINACION DEL EXCESO DE AGUA EN UN SUELO IMPERMEABLE MEDIANTE DRENAJE

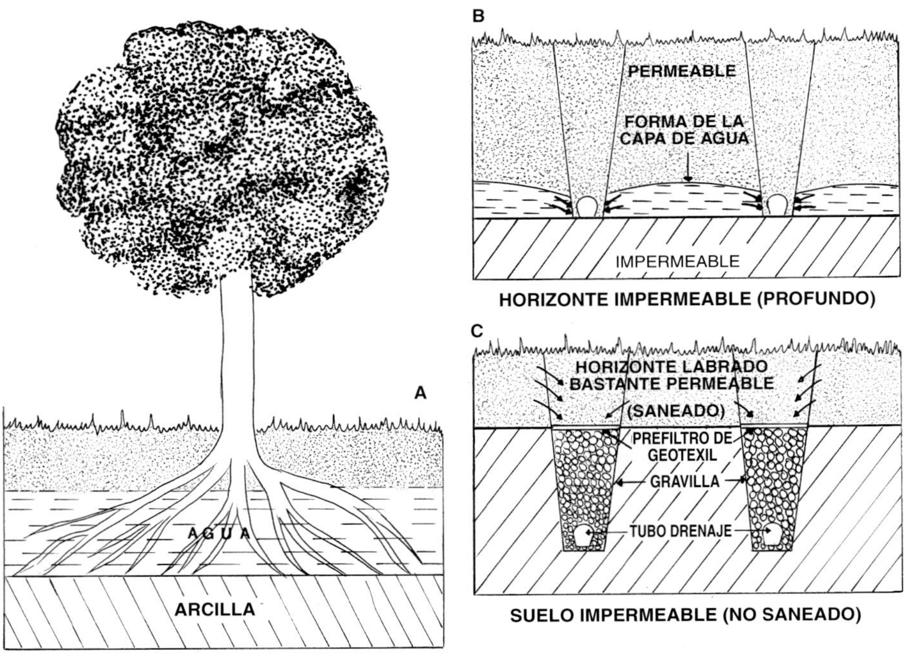

A. En la época de lluvias, el agua se acumula por encima del horizonte impermeable provocando asfixia radicular.

B y C. La eliminación del agua acumulada en exceso puede hacerse por redes de drenaje, colocadas sobre el horizonte impermeable si la profundidad es suficiente, o en el fondo de zanjas más profundas cuando todo el suelo es poco permeable.

Cuando no hay posibilidad de actuar de esta forma es conveniente disponer al menos de los datos de textura y composición física y mecánica de los diversos horizontes que componen el perfil. Los estudios modernos permiten correlacionar en forma bastante aproximada estos datos con la permeabilidad del perfil, y deducir de ellos si un estudio más detallado es o no necesario.

Posibles soluciones a las situaciones asfixiantes

Como ya hemos indicado, cuando la acumulación de agua es debida a la presencia de horizontes impermeables profundos o capas freáticas altas, la única solución factible la constituyen las redes de drenaje o desagüe, enterradas o abiertas, si su costo de realización es admisible.

Cuando la mala permeabilidad es estructural, la única solución a largo plazo pasa por la aplicación de técnicas de cultivo adecuadas y la realización de enmiendas orgánicas y calizas en su caso que mejoren la estructura. En cualquier caso, antes de realizar una plantación frutal en cualquiera de estos casos conviene analizar detenidamente si merece la pena económicamente dedicar estos suelos a este cultivo.

3. El contenido de caliza y el valor del pH

Casi todas las especies frutales características de la zona templada precisan en su nutrición bastante calcio, de tal manera que este elemento alcanza contenidos elevados en los órganos leñosos y en las hojas, lo que obliga a considerarlo en los estudios de fertilización como *macroelemento.* Algunas de estas especies (olivo, vid, almendro) son francamente calcícolas, vegetando en suelos con contenidos de hasta el 60 % de carbonatos y, en conjunto, salvo algunas excepciones, todas precisan niveles de entre el 2 y el 6 % de calcio activo en el suelo, medido por el método de Drouineau, mostrando síntomas claros de carencia de calcio (falta de solidez en la madera, necrosis en los ramos, floración débil, sensibilidad a los chancros, *bitter pit,* etc.) cuando se las cultiva en terrenos con contenidos más bajos de estos límites.

En cuanto se refiere a los valores del pH, las mismas especies frutales se adaptan bien en general a un intervalo bastante amplio, que incluye desde valores ligeramente ácidos (6) a ligeramente alcalinos (7,8). Valores del pH por debajo de seis son desfavorables para la actividad radicular; el contenido de bases (calcio, magnesio, potasio) es bajo, y aunque la asimilación de los oligoelementos mejora, la actividad microbiana es menor, así como la asimilación del ácido fosfórico y la del nitrógeno descienden notablemente.

Aunque en algunas regiones frutícolas se encuentran suelos ácidos y bajos niveles de caliza, el caso más frecuente, sobre todo en nuestro país, es el contrario; es decir, altos porcentajes de carbonatos y caliza activa y valores de pH por encima de 7/7,5. Ello es debido, en general, a que el calcio es, con mucha diferencia, la base de cambio que más abunda en los suelos agrícolas, lo que motiva que las carencias de calcio sean excepcionales.

Contenidos altos de calcio en los suelos originan malas propiedades físicas en los mismos, disminuyendo la estabilidad de la estructura de sus horizontes y favoreciendo la formación de *costra* y de *suela de labor;* sin embargo, el efecto más frecuente del exceso de calcio en las especies frutales es la aparición sistemática y continua en muchos casos de la llamada *clorosis cálcica, clorosis férrica* o simplemente *clorosis.*

Este tipo de *clorosis* se corresponde con la sintomatología externa de la carencia de hierro. Las hojas amarillean progresivamente, de forma que el limbo pasa a color verde pálido, amarillo verdoso, amarillo pálido, hasta blanco. Las nerviaciones se mantienen verde oscuro y los síntomas empiezan en las hojas más jóvenes, extendiéndose a las más viejas y al conjunto del árbol. En los casos más graves, las hojas afectadas se necrosan a partir de los bordes del limbo, produciéndose defoliaciones en plena actividad vegetativa, que si no se corrigen las causas, conducen al debilitamiento y muerte del árbol.

La *clorosis* descrita está originada por la disminución cuantitativa en la síntesis de la clorofila, que se produce al no disponer la planta de hierro en cantidad suficiente. En consecuencia, este tipo de síntomas se debe denominar *clorosis férrica* y es consecuencia final de una clara carencia de hierro, a nivel interno de la planta. Sin embargo, esta carencia de hierro puede deberse a varias causas:

- *Carencia real* de hierro en el suelo, lo que es muy poco frecuente, dado que se trata de un elemento muy abundante; o *presencia* del mismo en formas poco solubles (férricas).
- *Dificultades en la absorción radicular* del hierro del suelo, al encontrarse dañadas gran parte de las raíces absorbentes.
- *Problemas en la traslocación interna* en el árbol; o bien debidas a obstáculos o lesiones en el sistema vascular o a insolubilización interna del hierro.
- *Insolubilización progresiva del hierro en el suelo* por la alcalinización del medio.

La carencia real del hierro o su presencia en formas poco solubles, es evidentemente un problema nutricional típico de los estados carenciales, que puede resolverse hoy, de múltiples maneras: aportaciones de formas solubles al suelo, pulverizaciones foliares, inyecciones en la madera, etc.

Las dificultades en la absorción radicular y los problemas de traslocación interna son casos típicos en los que la sintomatología de *clorosis* tiene su origen en otro tipo de accidentes: asfixia radicular, falta de oxigenación, lesiones en las raíces por golpes de aperos, roedores, anillados del tronco por heladas, etc. En todos estos casos, la diagnosis de la causa y su eliminación permite resolver el problema.

En la mayor parte de los casos, la *clorosis* es debida a la última de las causas señaladas: insolubilización del hierro por alcanización del medio. Ello se produce normalmente en terrenos calizos, en suelos de pH alto, y, sobre todo, cuando se combinan ambas circunstancias. A estos efectos, el contenido total del suelo en caliza tiene poca importancia, siendo mucho más peligroso el nivel de caliza activa, calcio soluble en la solución del suelo, que constituye el auténtico *poder clorosante* del terreno. Entre ambos valores no hay ninguna relación numérica, de tal forma que suelos con altísimos valores de carbonatos totales (más del 40 %), pueden tener muy bajos niveles de caliza activa y por lo tanto no producirse síntomas de *clorosis,* mientras que otros suelos con contenidos mucho más bajos de caliza total (menos del 20 %) pueden presentar gravísimas *clorosis,* al estar casi todo su contenido en forma activa.

Todo este proceso de interferencia ha dado origen a que, con mucha frecuencia, se denomine también la sintomatología como *clorosis cálcica.*

El mismo efecto de bloqueo se produce muchas veces en suelos no demasiado calizos, pero de clara reacción alcalina, con valores de pH superiores a 7,5; agravándose marcadamente el problema cuando coinciden altos niveles de caliza activa con altos valores de pH.

La sensibilidad de las distintas especies frutales respecto al problema de la *clorosis* es muy variable. Como ya hemos indicado, las especies claramente calcícolas: olivo, almendro, algunas vides, vegetan en aceptables condiciones en suelos con altísimos porcentajes de caliza activa, iguales o superiores al 30 %. Un grupo muy numeroso de especies muestran *clorosis* en suelos de pH alto a partir de niveles de caliza activa del orden del 10 al 12 %; y algunas combinaciones frutales, tales como peral sobre membrillero y melocotonero sobre franco, son particularmente sensibles, mostrando *clorosis* con pH 7,5 y niveles de caliza activa del 6 % o superiores.

Indices de medida

El análisis del poder clorosante de un suelo exige disponer de los datos siguientes, todos ellos aplicados a todos y cada uno de los horizontes del perfil:

a) *Valor del pH:* Normalmente es preferible la determinación realizada mediante solución en cloruro potásico, por su mayor estabilidad.
b) *Carbonatos totales (%):* Es un dato que aislado tiene poco valor, pero que complementa los restantes.
c) *Caliza activa (%):* Su determinación clásica por el método de Drouineau, da la mejor indicación del poder clorosante de un suelo.
d) *Estructura y permeabilidad:* Son datos que permiten prever el comportamiento del sistema radicular y las interferencias que en la sintomatología de la *clorosis* puede originar la asfixia radicular.

Soluciones posibles ante la «clorosis»

Los problemas estructurales del suelo originados por el exceso de calcio y por altos valores del pH obligan, en general, a utilizar técnicas de cultivo correctoras, tales como empleo de abonos acidificantes, aportaciones cuantiosas de materia orgánica, cubiertas vegetales permanentes, riegos bien dosificados, etc.

Foto 12.2.–Plantación de melocotoneros en Valencia, con clara sintomatología de clorosis.

Foto 12.3.–Detalle de la sintomatología en la plantación anterior.

Foto 12.4.–Diversos grados de clorosis en ramos de albaricoquero. El ramo de la derecha está sano.

La corrección de la sintomatología de la *clorosis férrica* puede afrontarse de diversas formas, siempre y cuando se *establezca claramente «a priori» el auténtico origen del problema.* Cuando éste es debido a asfixia radicular o a lesiones vasculares, la solución de éstas resuelve normalmente la *clorosis* en breve plazo; si el problema es carencial, su solución forma parte, evidentemente, de la técnica de fertilización y corrección de carencias que se aplique en cada situación concreta.

Cuando la clorosis está originada por la alcalinidad de la reacción del suelo o por su alto nivel de caliza activa, la aportación de hierro en forma soluble con cualquiera de las prácticas normales que pueden utilizarse (pulverizaciones, aportaciones al suelo, inyecciones, etc.), disminuye o anula la sintomatología, pero en forma transitoria; por lo que en estos casos solamente cabe o *convivir con la clorosis* cuando ello sea viable empleando con asiduidad alguna de las técnicas citadas de aportación de hierro o buscar la solución al problema mediante el empleo de especies más resistentes como portainjertos.

Foto 12.5.–Clorosis acusada en hojas de peral *Blanquilla.*

Foto 12.6.–Efectos y sintomatología de salinidad en melocotonero.

Esta última alternativa es hoy la vía más utilizada para el establecimiento de plantaciones frutales en áreas de suelos calizos. La obtención y selección de portainjertos apropiados para este tipo de suelos ha sido y es aún uno de los objetivos prioritarios de los Centros de Investigación en material vegetal, de especies tales como peral, melocotonero, manzano, ciruelo, cerezo, cítricos, vid, etc., en las que se puede considerar que hoy disponemos de una amplia gama de portainjertos de posible uso en suelos de muy variados niveles de caliza activa.

TABLA 11

SENSIBILIDAD A LA CLOROSIS DE DIFERENTES PORTAINJERTOS DE VID

Portainjerto	% de calcio activo a partir del cual aparecen síntomas de clorosis
Rupestris de Lot	14
3309 C	11
6736 R	11
161-49 C	25
420 M	20
SO4	17 a 20
99R	17
110 R	17
1103 P	17 a 20
140 Ru	17 a 20
41 B	40
196-17 C	6

4. La fertilidad

La fertilidad de un suelo es un concepto difícil de definir. En líneas generales, se entiende como tal el conjunto de características edafológicas que permiten obtener, si el resto de las condiciones climáticas y agronómicas son también adecuadas, producciones agrícolas máximas; pero, en la práctica, la incidencia de otros factores sobre la producción es tan grande que el intentar concretar qué características son las que definen la fertilidad de un suelo se convierte en un problema complejo.

El establecimiento de una plantación frutal supone en la mayoría de los casos una inversión cuantiosa; en consecuencia, la amortización posterior y la obtención de la adecuada rentabilidad depende de la posibilidad de conseguir las cosechas mayores posibles y de la mejor calidad, con independencia de la elección de la especie adecuada. Es evidente que tal posibilidad sólo se puede obtener en suelos de fertilidad óptima, y que los suelos pobres difícilmente podrán compensar los gastos realizados. Por todo ello, en fruticultura la elección de terrenos adecuados a cada especie se convierte en un imperativo.

Aun teniendo en cuenta la complejidad del concepto y sus diferentes acepciones de un caso a otro, las características de un suelo que mejor permiten definir su fertilidad serían las siguientes:

A. Contenido en materia orgánica

Las especies frutales vegetan aceptablemente en suelos de muy variables contenidos de materia orgánica. En general, los niveles más adecuados parecen corresponder al intervalo del 2 al 4 % en regadío, y del 1 al 2 % en secano, en nuestras condiciones climáticas. En suelos con más del 4 % de materia orgánica, la vegetación puede ser más vigorosa y desarrollada, pero algunas especies pueden resultar afectadas por enfermedades criptogámicas radiculares y por la insolubilidad de algunos nutrientes.

B. Estructura y estabilidad estructural

Son ambas características edafológicas las que condicionan la porosidad, la aireación y la permeabilidad y, en consecuencia, el comportamiento y la actividad radicular. En definitiva, no definen la fertilidad de un suelo, pero sí influyen en la forma en la que los árboles se benefician de esa fertilidad.

Aunque las posibilidades de adaptación de los árboles son muy variables, en general, las estructuras fragmentarias y granulares son más adecuadas que las continuas para los cultivos frutales.

C. Contenido en nutrientes

Aparte del oxígeno, hidrógeno y carbono, elementos que el árbol toma del agua o de la atmósfera, son precisos en la nutrición de los frutales diversos elementos químicos que deben ser suministrados por el suelo. Estos pueden clasificarse en dos grupos:

1.° *Macroelementos* o elementos que se precisan en cantidades relativamente altas:

Nitrógeno	Azufre
Fósforo	Calcio
Potasio	Magnesio

2.° *Microelementos u oligoelementos* precisos en cantidades mucho más débiles:

Hierro	Molibdeno
Zinc	Boro
Cobre	Cloro
Manganeso	

Dado que entre los del primer grupo, el azufre y el calcio no suelen ocasionar problemas, los análisis de suelos nos tienen que dar con carácter de imprescindible los contenidos en N, P, K y Mg su nivel de solubilidad y para cada técnica de análisis su interpretación práctica.

En el caso de los oligoelementos, y salvo sospecha fundada de posibles carencias, lo mejor es en los estudios de fertilidad no tomarlos en consideración, corrigiendo, en su caso, las carencias que se produzcan, cuando aparezcan los síntomas sobre los árboles posteriormente.

Los problemas de fertilidad de un suelo son normalmente los más fáciles de solucionar una vez diagnosticados. La aportación de enmiendas y la fertilización mineral es la forma lógica de resolver el problema, aunque haya siempre que tener en consideración el factor económico que implica y que en suelos pobres puede llegar a ser importantísimo.

Indices de medida

Sin perjuicio de emplear otros que puedan ser convenientes en ciertos casos, los índices normales empleados para evaluar la fertilidad de un suelo son:

a) *Contenido en materia orgánica* (%).
b) *Valor de la relación C/N* (para saber el estado de la materia orgánica).
c) *Estructura* de los horizontes del perfil.
d) *Estabilidad de la estructura.*
e) *Contenidos asimilables y en reserva de N, P, K y Mg* (eventualmente Fe, Zn y B).

5. La salinidad

El último factor edafológico a considerar por su incidencia en las plantaciones frutales sería la presencia de riesgo de salinidad, bien en el suelo o bien procedente del riego con aguas salinas. Es, junto con la falta de profundidad, el que con más claridad se convierte en limitante, ya que, en general, las especies frutales son muy sensibles a este factor, y en la mayoría de los casos, cuando este problema se presenta, es mejor orientarse hacia el cultivo herbáceo.

Aunque los problemas ocasionados por la salinidad son complejos y su análisis hace obligada la presencia de un especialista, un planteamiento simplista permite valorar el riesgo en función del contenido de ClNa en el extracto salino del suelo, expresado en g/l; índice sencillo de obtener y normal en los análisis químicos. En función de este contenido, la resistencia a la salinidad de las diferentes especies puede apreciarse en la tabla 12.

Aunque el cultivo frutal en zonas de alta salinidad tiene poco interés, debido a las consecuencias producidas en él por la acumulación de los efectos a lo largo de la vida del árbol, en algunos casos determinados portainjertos demuestran mejor adaptación y mayor resistencia, permitiendo el cultivo de la especie en suelos en los que normalmente no sería viable. Tal es el caso del viñedo (1103 P, 1616 C, 196-17 C), del melocotonero (Franco de Missour, Prunus davidiana), del peral (Pyrus baetulaefolia) y del naranjo (Citrus macrophylla, Lima Rangpur, Mandarino Cleopatra). El incremento de resistencia nunca es demasiado grande, pero, a veces, puede resolver alguna situación concreta.

Por lo general, los árboles afectados por problemas de salinidad muestran síntomas de clorosis, las hojas quedan pequeñas, pálidas y coriáceas, el crecimiento se restringe y la fruta es de pequeño tamaño y escasa. En algunos casos, como los cítricos, la piel es más fina de lo normal, aunque puede tener muy buena calidad gustativa. El árbol tiene vegetación poco densa, con ramos defoliados total o parcialmente.

TABLA 12

SENSIBILIDAD A LA SALINIDAD DE DIFERENTES ESPECIES FRUTALES

Especies de buena tolerancia (2 g/l de ClNa)	
Algarrobo	(Ceratonia silicua)
Palmera datilera	(Phoenix dactilifera)
Pistacho	(Pistacia vera)
Especies de tolerancia media (entre 1 y 2 g/l de ClNa)	
Olivo	(Olea europea)
Vid	(Vitis vinifera)
Higuera	(Ficus carica)
Granado	(Punica granatum)
Especies sensibles (<1 g/l de ClNa)	
Albaricoquero	(Prunus armeniaca)
Almendro	(Prunus amigdalus)
Membrillero	(Cydonia japonica)
Especies muy sensibles (<0,5 g/l de ClNa)	
Melocotonero	(Prunus persica)
Peral	(Pyrus communis)
Manzano	(Malus pumila)
Ciruelo	(Prunus domestica)
Agrios	(Citrus sp.)
Níspero	(Eryobotria j aponica)
Pacano	(Carya illinoensis)
Nogal	(Juglans regia)

6. Caracterización del suelo en relación con los cultivos frutales

Aunque en los estudios edafológicos las determinaciones de laboratorio tienen gran importancia, no cabe duda de que la mejor caracterización de un suelo con vistas a su explotación frutícola es consecuencia de su examen *in situ.* Este se realiza mediante el estudio de las paredes de *calicatas,* de un metro de profundidad como mínimo y con la anchura suficiente para que el observador pueda entrar en ella. El número de *calicatas* varía en función de la heterogeneidad del suelo, y el perfil de cada una debe dejarse limpio y nítido, picando suavemente la compactación producida al abrirlas, de forma que queden perfectamente definidos los sucesivos horizontes. En el examen *in situ* deben definirse los datos siguientes:

a) *Profundidad libre del perfil.* Si existen obstáculos, definición de los mismos (roca dura, nivel freático, presencia de horizontes continuos, etc.).
b) *Permeabilidad media.* Posibles limitaciones, señales de exceso de agua, mala aireación.
c) *Número de horizontes y su espesor.* Suelo labrado. Presencia de *suela de labor.*
d) *Estructura de los diferentes horizontes.*
e) *Comportamiento del sistema radicular* de las especies espontáneas. Desarrollo, densidad y profundidad de exploración.
f) *Vida biológica: galerías,* presencia de lombrices, etc.

Las muestras obtenidas en cada horizonte deberán ser objeto de múltiples determinaciones analíticas; como mínimo, deberían figurar las siguientes:

Carbonatos totales	Contenido de P en reserva
Caliza activa	Contenido de K en reserva
Valor del pH	Contenidos en Mg y Fe
Textura	Estabilidad estructural
Materia orgánica	Conductividad
Valor de la relación C/N	Salinidad (ClNa en solución del suelo)

Con fines de poder interpretar los datos del análisis, es siempre conveniente conocer la técnica analítica que se ha seguido en las determinaciones.

7. Problemática general de los suelos en zonas frutícolas españolas

El número de zonas frutícolas en España es tan grande y tan variadas sus características ecológicas que, lógicamente, resulta imposible establecer con generalidad cuál es la escala de importancia de los problemas edafológicos a

GRAFICO 28

EXIGENCIAS DE LAS DIFERENTES ESPECIES FRUTALES RESPECTO A LAS CARACTERISTICAS DEL SUELO

SUELO	FERTILIDAD
●	Exige un suelo muy rico
◐	Necesita un suelo rico
○	Prefiere un suelo rico
⊕	Soporta un suelo bastante pobre
⊙	Soporta un suelo pobre
◓	Soporta un suelo muy pobre

SUELO	PROFUNDIDAD
●	Exige un suelo muy profundo
◐	Exige un suelo profundo
○	Prefiere un suelo profundo
⊕	Soporta un suelo bastante poco profundo
⊙	Soporta un suelo poco profundo
◓	Soporta suelo muy poco profundo

SUELO	HUMEDAD
●	Riego necesario
◐	Suelo fresco
○	Suelo bastante fresco
⊕	Bastante resistente a la sequía
⊙	Resiste a la sequía
◓	Muy resistente a la sequía

ESPECIE FRUTAL	fertilidad	profundidad	humedad	compacidad	caliza	cloruros
Aguacate	◐	◐	●	⊕		●
Albaricoquero Europeo		○	◕	⊕	⊕	⊙
Alcaparro	◓	◓	◓	⊕		
Algarrobo	⊙	⊙	◓		⊙	⊙
Almendro	◓	⊙	◓	◓	◓	⊙
Avellano		⊕	◐	⊕	○	
Azufaifo	◓		◓			◓
Castaño	⊕	○	○	⊕	●	
Cerezo	◕	◕	◐	⊕	◕	
Cerezo Acido	⊙		◐	⊕		
Chirimoyo						
Chumbera	⊕	⊕	◓	⊕		◓
Ciruelo Europeo		◓	◕	◕	⊕	◕
Ciruelo Japonés		◓	◕	◕	⊕	◕
Encina	⊕		⊙	⊕	⊕	
Frambueso			○	⊕	◐	
Granado	○	⊕	○	●		◓
Grosellero			○			●
Higuera			○		⊙	⊙
Kaki			●			
Manzano	○		○	○	⊕	●
Melocotonero	◐	○	◕	⊕	◕	
Membrillero	◐	◓	●	●	◐	⊙
Morera		◐	◐			
Nispero			◐			●
Nogal		○	○	⊕	⊕	●
Olivo	⊕		◓			⊙
Pacana	○	●	◐	●		●
Palmera Datilera		○	●			◓
Peral	◕	◕	◕	◐	◐	⊙
Pino Piñonero	⊕		⊙			
Pistacho	◓		◓		◓	◓
Platanera	●	○	●			
Viña	⊕	⊕	⊕		⊕	⊙
Zarzamora	○	●	◐		◐	

SUELO	COMPACIDAD
●	Soporta los suelos pesados
◐	
○	
⊕	Prefiere un suelo ligero
⊙	
◓	Exige un suelo muy ligero

SUELO	CALIZA
●	Teme la caliza
◐	Dosis limitada
○	Prefiere suelo no calizo
⊕	Soporta la caliza
⊙	Caliza necesaria
◓	Caliza indispensable

SUELO	CLORUROS
●	Muy sensible
◐	
○	
⊕	
⊙	Bastante resistente
◓	Buena resistencia

○ Para las especies injertadas, la adaptación al suelo está en función del portainjertos.
La ausencia de signos indica indiferente o falta de información.

nivel nacional. En la práctica, la situación es tan compleja que de todos los problemas reseñados pueden encontrarse ejemplos en los que con mayor o menor intensidad un factor determinado condiciona el cultivo frutal de una o varias especies.

En porcentaje de superficie, el factor edafológico más frecuentemente condicionante es, con seguridad, la caliza activa, unida a pH alcalino. Casi toda la zona mediterránea, gran parte de Andalucía, el valle del Ebro y la Meseta Central, en su mayoría, tienen suelos calizos y de reacción alcalina, algunas veces con valores muy altos. Todas las especies frutales cultivadas en estas regiones llegan a presentar síntomas de *clorosis,* síntomas que los fruticultores españoles conocen bien y con los que han aprendido a convivir. El problema es de tal dimensión que en especies tan importantes como los cítricos, la vid, el peral y el melocotonero la resistencia a la caliza es el *principal carácter selectivo* de portainjertos en nuestro país.

Toda la región cantábrica, por el contrario, junto con algunas zonas atlánticas, son ácidas y faltas de cal. En ellas los encalados son imprescindibles en fruticultura, y frecuentemente se asocia a la acidez una acusada carencia de magnesio, que obliga a incluir este elemento en la fertilización normal de la plantación.

Por superficie afectada, es probable que el segundo factor a considerar como condicionante en los suelos frutícolas españoles sea la falta de fertilidad. Gran parte de nuestros regadíos transformados no hace demasiado tiempo (Plan Badajoz, Monegros-Bárdenas, Campo de Cartagena, etc.) no han recibido las aportaciones de materia orgánica necesaria para elevar su nivel al lógico en los regadíos y, en consecuencia, se encuentran a niveles bajísimos, lo que influye en todas sus características físicas; ello, unido a la rápida destrucción que originan el sol y el laboreo continuado sin restitución suficiente, plantean una escasez crónica de materia orgánica, que sólo puede subsanarse mejorando las técnicas de cultivo e incrementando las aportaciones, aun a costos elevados. Este problema es obsesionante en los regadíos, aunque también se pone de manifiesto en los secanos (viñedos, olivar, almendro), en los que la escasa restitución originada por la mecanización, unida a la erosión superficial, hace que se den casos extremos de escasez.

Los problemas de permeabilidad también se presentan en algunas áreas frutícolas. Probablemente, los ejemplos más significativos se dan en las vegas bajas del Guadiana (Badajoz) y en algunos regadíos de Aragón. Las causas pueden ser muy variadas, desde el alto contenido de arcilla frecuente en el valle del Ebro a los defectos estructurales en fincas del Plan Badajoz, originados por la falta de materia orgánica, excesiva mineralización y acusada formación de *suela de labor.* También limitaciones de profundidad, por presencia de capas freáticas altas, se encuentran en áreas dispersas, en zonas muy variadas. Suelos poco profundos se dan con frecuencia en la región cantábrica.

La salinidad es factor condicionante claro en amplias áreas. Los casos más graves se dan en el Sureste (Murcia, Almería), en Levante (Valencia, Castellón, Tarragona), en el valle del Ebro (Zaragoza) y en zonas localizadas de Andalucía y Extremadura. Las especies más afectadas son los agrios de Levante y los parrales de Almería, aunque también el albaricoquero, peral y otros muestran claros síntomas de acumulación de sal.

TERCERA PARTE

LA PROBLEMATICA FRUTICOLA REGIONAL

GRAFICO 29.1

REGION CANTABRICA

GRAFICO 29.2

VALLE ALTO DEL EBRO

GRAFICO 29.3

ARAGON (VALLE MEDIO DEL EBRO)

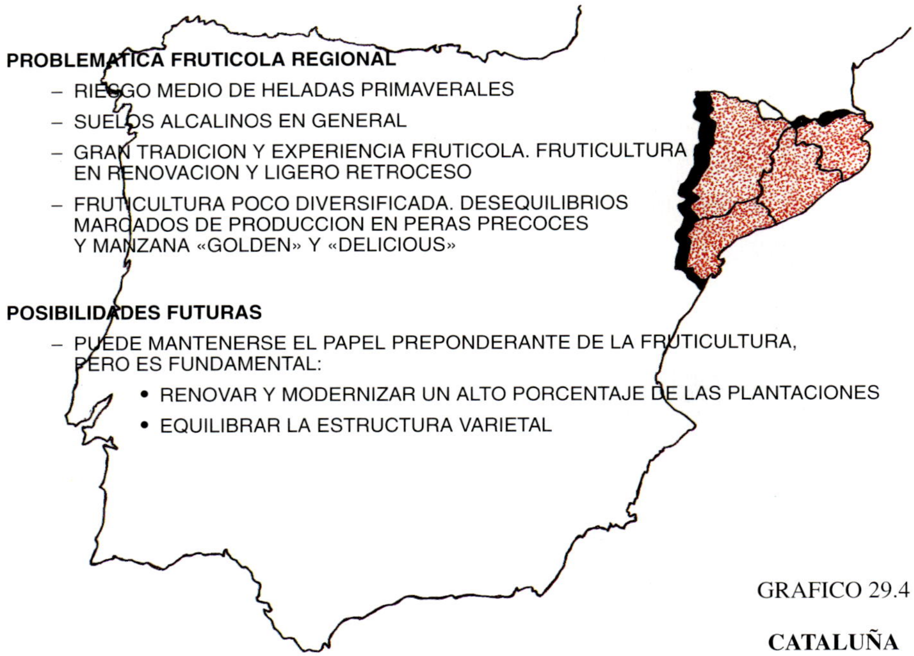

GRAFICO 29.4

CATALUÑA

GRAFICO 29.5

REGION VALENCIANA

GRAFICO 29.6

REGION MURCIANA

GRAFICO 29.7

ANDALUCIA ORIENTAL

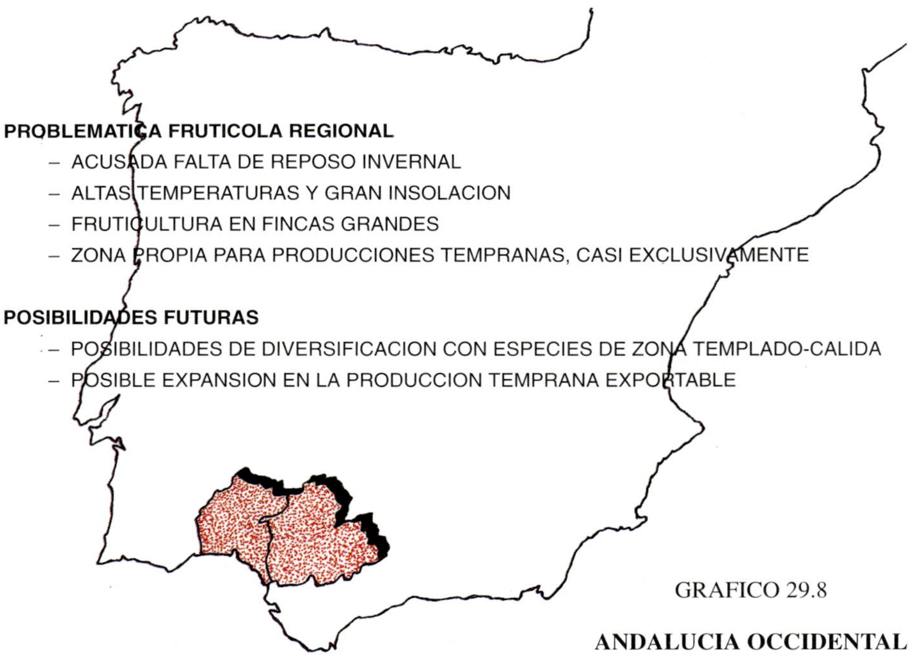

GRAFICO 29.8

ANDALUCIA OCCIDENTAL

GRAFICO 29.9

EXTREMADURA

BIBLIOGRAFIA

1. Bibliografía fundamental

COUTANCEAU, M., 1965: *Fruticultura.* Ediciones de Occidente S.S., Barcelona.

ELÍAS, F., 1984: *Criterios climatológicos para la definición de la región mediterránea.* Primer informe. Instituto Hispano-Arabe de Cultura, págs. 8-11.

ELÍAS, F. y RUIZ BELTRÁN, L., 1977: *Agroclimatología de España.* Cuadernos INIA, número 7.

EAST MALLING RESEARCH STATION, 1975: *Climate and the orchard.* Research Review, número 5. Commonwealth Agricultural Bureaux. Inglaterra.

GIL-ALBERT. F., 1983: *Consideraciones sobre los factores limitativos en fruticultura «Horas-frío» acumuladas en diversos observatorios españoles.* ETS Ingenieros Agrónomos. Universidad Politécnica. Madrid.

REBOUR, H., 1971: *Frutales mediterráneos.* Mundi-Prensa, S. A. Madrid.

SOUBEYRAND, G., 1965: *Etude sur l'arboriculture fruitière.* Tomos I y II. Bibliothèque de l'arboricultura fruitière. G. M. Perrin París.

TABUENCA, M. C., 1965: *Influencia del clima en plantaciones frutales.* Boletín número 8. CSIC. Estación Experimental de Aula Dei. Zaragoza.

TROCME, S. y GRAS, R., 1979: *Suelo y fertilización en fruticultura.* Segunda edición. Mundi-Prensa, S. A. Madrid.

WESTWOOD, N. H., 1982: *Fruticultura de zonas templadas.* Mundi-Prensa, S. A. Madrid.

2. Bibliografía específica

CROSSA-RAYNAUD, P., 1955: *Effets des hivers doux sur le comportement des arbres fruitiers à feuilles caduques.* Vol. 28. Annales du Service Botanique et Agronomique de Tunisie. Túnez.

DÍAZ QUERALTO, F., 1971: *Práctica de la defensa contra heladas.* Dilagro, S. A., Lérida.

EUITA, 1983: *Peritación de daños en cosechas siniestradas.* Vol. 1. Universidad Politécnica. Madrid.

GAMERO, A.: *Sobre el cálculo del número de horas anuales con temperaturas inferiores a 7° C.* INIA. Vol. XXX, número 62.

GUYOT, G. y ELEJABEITIA, 1970: *Los cortavientos en Agricultura.* Estación Experimental de Aula Dei, Cuaderno número 4. Zaragoza.

INSTITUT POUR LE DEVELOPPEMENT FORESTIER: *La realisation pratique des haies brise-vent et bandes boisées.* Paris.

INVUFLEC, 1978: *Lutte contre les gelées.* Paris.

A. DE FELIPE, 1968: *Lucha contra las heladas en plantaciones frutales.* Estación Experimental de Aula Dei. Cuaderno número 3. Zaragoza.

MARTÍNEZ CUTILLAS, A., 1979: *Necesidades de frío invernal de variedades de albaricoquero.* Anales del INIA, número 9. Separata número 9.

MELGAREJO MORENO, P., 1996: *El frío invernal, factor limitante para el cultivo frutal,* A. Ulchrid Vicente, editores. Madrid.

SÁNCHEZ CAPUCHINO, J. A., 1967: *Contribución al conocimiento de necesidades en frío invernal de variedades frutícolas.* Levante Agrícola.

SAUNIER, R., 1967: *Indications sue les besoins en froid hivernal de quelques varietés de Pechers.* La Pomologie Française.

TABUENCA, M. C., 1964: *Necesidades de frío invernal de variedades de albaricoquero, melocotonero y peral.* Anales de la Estación Experimental de Aula Dei, 7 (3-4); 113-132. Zaragoza.

TABUENCA, M. C., 1967: *Necesidades de frío invernal de variedades de ciruelo.* Anales de la Estación Experimental de Aula Dei, 8 (3/4), 383-391. Zaragoza.

TABUENCA, M. C., 1968: *Necesidades de frío invernal de variedades de peral.* Anales de la Estación Experimental de Aula Dei, 9 (1), 1-9. Zaragoza.

TABUENCA, M. C., 1968: *Necesidades de frío invernal de variedades de melocotonero.* Anales de la Estación Experimental de Aula Dei, 9 (1), 10-24. Zaragoza.

TABUENCA, M. C., 1972: *Necesidades de frío invernal de variedades de almendro.* Anales de la Estación Experimental de Aula Dei, 11 (3-4), 325-329. Zaragoza.

TABUENCA, M. C., MUT, M. y HERRERO, 1972: *Influencia de la temperatura en la época de floración de variedades de almendro.* Anales de la Estación Experimental de Aula Dei, 11 (3-4), 378-395. Zaragoza.

TABUENCA, M. C., 1968: *Influencia de la temperatura en la época de floración de seis variedades de peral.* Anales de la Estación Experimental de Aula Dei, 9 (1), 33-50. Zaragoza.

WEINBERGER, J. H.: *Chilling requirement of Peach varieties.* American Journal for Horticultural Science.

INDICE DE GRAFICOS

INDICE DE TABLAS

INDICE DE FOTOGRAFIAS